JN416086

항만국통제와 선박검사론

양원재 · 지재훈 · 여실중 공저

도서출판 Wisdom+

머리말

현대 해운산업의 발전과 함께 국제 해상 운송의 중요성이 날로 증가하고 있습니다. 이에 따라 항만국통제(Port State Control, PSC)와 선박검사(Vessel Inspection)는 해양 안전과 환경 보호를 위한 필수적인 절차로 자리잡고 있습니다.

항만국통제는 항만국이 자국의 관할 수역으로 진입하는 외국 선박에 대하여 그 선박이 국제협약의 기준에 따른 시설과 운항능력을 확보하고 있는지를 점검함으로써 선원 및 선박의 안전과 해양환경 보호를 목적으로 하는 제도입니다.

선박검사는 선박의 구조적 안전성, 기계적 상태, 안전 장비 및 환경 보호 장비 등을 점검하는 절차로, 선박의 운항 안전성을 확보하고, 승무원의 안전을 보장하며, 해양 오염을 방지하는 데 기여합니다. 이러한 검사는 국제 해사기구(IMO)와 국제 해양환경 보호 협약(MARPOL) 등 국제 규정에 따라 수행되며, 각국의 해양 당국이 협력하여 전 세계적으로 일관된 기준을 유지하고 있습니다.

본 교재에서는 항만국통제의 개념, 목적 및 주요 검사 절차를 체계적으로 다루며, 특히 국제적인 선박 검사 기준과 실제 검사 사례를 중심으로 심층적인 분석을 제공하고자 합니다. 이를 통해 독자들은 항만국통제의 법적, 기술적 측면은 물론 선박 검사론에 대한 깊이 있는 통찰을 얻게 될 것입니다.

아무쪼록 본 교재가 항만국통제와 선박검사에 대한 사항을 배우는 학생들과 해운산업 관계자에게 유익한 정보를 제공하고 널리 이용되어 해양사고를 예방함으로써 안전하고 쾌적한 바다환경을 제공하는데 기여하였으면 하는 바램입니다.

2025년 2월 27일

저자 일동

차례

항만국통제 일반

1

1.1 선박의 관할권과 국적

1.1.1 선박의 관할권

유엔해양법협약(United Nations Convention on the Law of the Sea, UNCLOS)의 정식 명칭은 '해양법에 관한 국제연합 협약'[1]이며, 해양법과 관련된 가장 중요한 국제 규범으로 자리 잡고 있다. 선박의 통항, 해양 자원의 개발·이용·조사, 해양 생태계의 보호, 해양 기술의 개발과 이전, 그리고 해양 관련 분쟁 해결 절차 등을 포함한 내용을 총 320개의 조항으로 구성되어 있다.

유엔해양법협약(UNCLOS)은 선박 관할권 문제에서 특히 중요한 역할을 하며, '공해의 자유'[2]와 '연안국 주권'[3] 간의 균형을 유지하려는 국제적인 노력을 담고

---

1) (출처) 외교부 조약정보시스템, https://treatyweb.mofa.go.kr/usr/treaty/selectTreatyInfomationDetail.do

2) 유엔해양법협약에 따라 공해에서 어떤 국가도 주권을 주장할 수 없으며(제89조), 공해에서 선박은 기국의 국기를 게양하고 항행할 자유를 보장받으며(제90조), 공해에서 선박은 기국의 배타적 관할권에 속한다(제92조).

- 제87조(공해의 자유)
  1. 공해는 연안국이거나 내륙국이거나 관계없이 모든 국가에 개방된다. 공해의 자유는 이 협약과 그 밖의 국제법규칙이 정하는 조건에 따라 행사된다. 연안국과 내륙국이 향유하는 공해의 자유는 특히 다음의 자유를 포함한다.
     (a) 항행의 자유
     (b) 상공비행의 자유
     (c) 제6부에 따른 해저전선과 관선 부설의 자유
     (d) 제6부에 따라 국제법상 허용되는 인공섬과 그 밖의 시설 건설의 자유
     (e) 제2절에 정하여진 조건에 따른 어로의 자유
     (f) 제6부와 제13부에 따른 과학조사의 자유
  2. 모든 국가는 이러한 자유를 행사함에 있어서 공해의 자유의 행사에 관한 다른 국가의 이익 및 심해저활동과 관련된 이 협약상의 다른 국가의 권리를 적절히 고려한다.

3) 유엔해양법협약에 따라 영해의 폭은 연안국이 기준선을 기준으로 측정하며 최대 12해리로 설정할 수 있으며(제3조), 무해통항권(제17조~제19조) 규정으로 외국 선박이 연안국의 영해를 통과할 때 따라야 할 조건을 명시할 수 있으며(제21조), 접속수역(Contiguous Zone)에서 연안국이 주권적 권리를 행사할 수 있는 경우를 규정(세관, 위생, 출입국, 재정 문제와 관련)하고 있다(제33조).

- 제21조(무해통항에 관한 연안국의 법령)
  1. 연안국은 이 협약의 규정과 그 밖의 국제법규칙에 따라 다음 각호의 전부 또는 일부에 대하여 영해에서의 무해통항에 관한 법령을 제정할 수 있다.

있다. 이 협약은 1982년 12월 10일 채택되었고, 1994년 11월 16일에 발효되어 이후 '바다의 대헌장'으로 불리며, 현대 해양법의 기초를 이루고 있다.

전통적으로 선박은 등록된 국가의 영토로 간주되어, 등록국이 그 선박에 대해 주권을 행사하는 기국주의(Flag State Jurisdiction)가 원칙이었다. 현재도 기국은 선박이 공해(公海)에 있는 경우에도 해당 선박에 대한 배타적 관할권을 행사할 수 있다.[4] 그러나 현대에 들어서는 연안국 관할권(Coastal State Jurisdiction)과 항만국 관할권(Port State Jurisdiction)이 함께 인정되며 적용 범위가 확대되고 있다.

연안국 관할권은 자국의 영해(Territorial Sea), 배타적 경제수역(EEZ), 대륙붕 등에서 자국의 자원을 보호하고, 환경 오염 방지 및 수산업 관리 등을 위해 외국 선박을 규제할 수 있는 권리를 말한다.

항만국 관할권은 자국 항구에 입항한 외국 선박을 안전, 환경 보호, 노동 기준 등의 국제협약 및 자국 법령에 따라 점검·조사할 수 있는 권리를 뜻한다.

(a) 항행의 안전과 해상교통의 규제
(b) 항행보조수단과 설비 및 그 밖의 설비나 시설의 보호
(c) 해저전선과 관선의 보호
(d) 해양생물자원의 보존
(e) 연안국의 어업법령 위반방지
(f) 연안국의 환경보전과 연안국 환경오염의 방지, 경감 및 통제
(g) 해양과학조사와 수로측량
(h) 연안국의 관세·재정·출입국관리 또는 위생에 관한 법령의 위반방지

2. 이러한 법령이 일반적으로 수락된 국제규칙이나 기준을 시행하는 것이 아닌 한 외국선박의 설계, 구조, 인원배치 또는 장비에 대하여 적용하지 아니한다.
3. 연안국은 이러한 모든 법령을 적절히 공표하여야 한다.
4. 외국선박이 영해에서 무해통항권을 행사하는 경우, 이러한 모든 법령과 해상충돌방지에 관하여 일반적으로 수락된 모든 국제규칙을 준수하여야 한다.

4) 유엔해양법협약 제92조(선박의 지위)

1. 국제조약이나 이 협약에 명시적으로 규정된 예외적인 경우를 제외하고는 선박은 어느 한 국가의 국기만을 게양하고 항행하며 공해에서 그 국가의 배타적인 관할권에 속한다. 선박은 진정한 소유권 이전 또는 등록변경의 경우를 제외하고는 항행중이나 기항중에 그 국기를 바꿀 수 없다.
2. 2개국 이상의 국기를 편의에 따라 게양하고 항행하는 선박은 다른 국가에 대하여 그 어느 국적도 주장할 수 없으며 무국적선으로 취급될 수 있다.

1.1.2 선박의 국적

유엔해양법협약(UNCLOS)에 따라 선박은 하나의 국적만을 가질 수 있다. 따라서 편의에 따라 국기를 변경하여 게양하는 선박은 무국적선으로 간주될 수 있다.

선박국적의 증명 방법으로는 국기 게양, 등록, 증명서 발급 등이 사용된다. 특히, 국기의 게양은 선박의 국가적 성격을 보여주는 명백한 증거로 간주된다. 각국은 자국법에 따라 국기를 게양할 권리를 부여하며, 이는 국제관습법으로 확립된 기준이다.[5)]

선박에게 국적을 부여하고 국기게양권을 허가하는 구체적인 방법은 등록이다. 선박의 등록에 관한 국내법인 「선박법」에 따른 대한민국 선박이라 함은 ① 국유 또는 공유의 선박, ② 대한민국 국민이 소유하는 선박, ③ 대한민국의 법률에 따라 설립된 상사법인(商事法人)이 소유하는 선박, ④ 대한민국에 주된 사무소를 둔 제3호 외의 법인으로서 그 대표자(공동대표인 경우에는 그 전원)가 대한민국 국민인 경우에 그 법인이 소유하는 선박을 말한다(법 제2조). 대한민국 선박으로 등록되면 국기게양권(제5조), 불개항장 기항권[6)]과 국내연안무역권(제6조) 등을 갖는다.

선박이 등록되면 선박국적증서를 발급한다. 선박국적증서에는 선박의 개성 내지 동일성을 표시하는 사항과 소유자에 관한 사항이 기재된다. 구체적으로 선박번호, IMO번호, 호출부호, 선박의 종류, 선박의 명칭, 선적항, 선질(船質)[7)], 범선의 범장(帆裝), 선박의 장 · 폭 · 심 치수, 총톤수, 폐위 장소의 합계 용적, 제외 장소의 합계 용적, 기관의 종류와 수, 추진기의 종류와 수, 조선지, 조선자, 진수일 및 소유자가 있다.[8)][9)]

---

5) 이윤철 · 김진권 · 홍성화, 해사법규 신강, 다솜, 2016, 35쪽

6) 불개항장은 관세법상 외국과의 무역이 허용되지 않는 항구이므로 실무에서는 밀수, 밀입국 등을 방지하고자 대한민국 선박이라 하더라도 국제항해선박이 불개항장에 출입항하려면 세관장의 허가를 받도록 하고 있다.

7) 선박총톤수 측정증명서에 기재된 선체의 구성재료를 말한다.

8) 김인철 · 정대율 · 조익순, 해사안전관리론, GS인터비전, 2022, 14쪽

9) 「선박법 시행규칙」 제11조(등록사항)

① 지방청장은 제10조에 따라 선박의 등록신청을 받았을 때에는 별지 제7호서식의 선박원부(船

1.1.3 선박과 국적의 진정한 연계

국제해사기구(IMO)는 제2차 세계대전이 끝나고 1945년에 전승국을 중심으로 국제연합(UN)이 창설된 이후 국제연합(UN)이 중심이 되어 설립한 여러 국제기구 중에 하나이다.

유엔경제사회이사회(ECOSOC)는 IMO의 전신으로도 불리는 당시 해사연합자문회의(United Maritime Consultative Council)에 해사분야를 다룰 국제기구 설립을 위한 협약 초안을 작성케 하였고[10], 1948. 3. 6. 스위스의 제네바에서 열린 유엔해사회의(UN Maritime Conference)에서 IMCO 설립협약이 채택되었다.[11]

船原簿)에 다음 각 호의 사항을 등록하여야 한다.

1. 선박번호 / 2. 국제해사기구에서 부여한 선박식별번호(IMO번호) / 3. 호출부호 / 4. 선박의 종류 / 5. 선박의 명칭 / 6. 선적항 / 7. 선질(船質) / 8. 범선(帆船)의 범장(帆裝)
9. 선박의 길이[최소 형(型) 깊이의 85퍼센트의 위치에서 계획만재흘수선에 평행한 흘수선 전장(全長)의 96퍼센트와 그 흘수선상의 선수재(船首材)전면으로부터 타두재(舵頭材) 중심선까지의 거리 중 긴 것을 말한다. 이하 같다]
10. 선박의 너비[선박 길이의 중앙에서 금속제 외판(金屬製 外板)이 있는 선박의 경우에는 늑골 외면(肋骨 外面) 간의 최대너비를 말하고, 금속제 외판 외의 외판이 있는 선박의 경우에는 선체 외면(船體 外面) 간의 최대너비를 말한다. 이하 같다]
11. 선박의 깊이[선박 길이의 중앙에서 금속제 외판이 있는 선박의 경우에는 용골(龍骨)의 윗면으로부터, 금속제 외판 외의 외판이 있는 선박의 경우에는 용골의 아랫면으로부터 선측에 있어서의 상갑판의 아랫면까지의 수직거리를 말한다. 이하 같다]
12. 총톤수 / 13. 폐위장소(蔽圍場所)의 합계용적 (각목 이하 생략) / 14. 제외 장소의 합계용적 (각목 이하 생략) / 15. 기관의 종류와 수 / 16. 추진기의 종류와 수 / 17. 조선지 / 18. 조선자 / 19. 진수일
20. 소유자의 성명 · 주민등록번호(법인인 경우에는 그 명칭과 법인등록번호) 및 주소
21. 선박이 공유인 경우에는 각 공유자의 지분율

② 제1항의 선박원부는 전자적 처리가 불가능한 특별한 사유가 있는 경우를 제외하고는 전자적 방법으로 작성 · 관리하여야 한다.

10) 국제연합(UN) 경제사회이사회(ECOSOC)에 속한 운수통신위원회(Transportation and Communications Commission)는 항공, 해운, 통신 및 우편의 4개 분야를 취급할 전문기구의 설치를 권고하였다. 특히 해운분야에 정부간 국제기구가 없음을 지적하고 해운의 기술적 측면을 다루게 될 영구적인 기구설립의 필요성을 강조하는 보고서를 제출하였다.
- UN의 개념은 하나의 지붕 아래 해사문제를 하나로 모아 기구를 만들고 특별기구 집단을 구성하는 것이었다. 국제무선통신연합(International Tele-communication Union), 정부간항공기구(Intergovernmental Civil Aviation Organization), 세계기상기구(World Meteorological Organization), 세계보건기구(World Health Organization), 국제노동기구(International Labour Organisation)를 포괄하는 것으로 이 기구들이 현재 경제사회이사회(ECOSOC) 소속의 특별기구이다.

이 협약이 채택된 배경 중에 하나는 당시 대형 해양사고가 빈발함에 따라 해양안전에 대한 절실한 필요성도 크게 작용하였다. 즉 선박의 건조 및 운항에 관한 최저기준을 정하고 구명설비와 수색·구조 활동을 효율적으로 수행함으로써 인명의 손실을 최대한 방지하기 위해서는 이 같은 국제기구가 가장 적절한 수단으로 여겨졌기 때문이었다.

또한 선박에 탑재하는 각종설비가 국가별 기준에 따라 다양하고 복잡하여 경제적 이유뿐만 아니라 선박운항 측면에서도 번거로워지자 비용 절약과 원활한 선박운항을 위한 가장 적합한 방법은 각종 설비의 국제 표준화로 여기게 된 배경도 있었다.

IMO가 설립될 당시인 1959년에는 총회, 이사회, 해사안전위원회가 있었으며 1969년에 법률위원회 신설, 1972년에 간소화위원회 신설, 1973년에 해양환경보호위원회 신설, 그리고 1975년에 기술협력위원회가 신설됨으로써 현재와 같은 다섯 개의 위원회 체제를 갖추게 되었다.

기구 설립 초창기에 해사안전위원회는 이사회와 총회에서 선출된 14개 회원국이 참석할 수 있었으며, 이 중에 적어도 8개국은 가장 많은 선박량을 보유한 국가여야 했다. 여기서 선박량이 많은 국가라는 뜻에 관하여 논쟁이 발생하였다. 당시 대형 선주국으로 ①미국, ②영국, ③노르웨이, ④일본, ⑤이탈리아, ⑥네덜란드, ⑦프랑스와 ⑧서독이 참여하는 데는 이의가 없었다. 그러나 편의치적국인 라이베리아(당시 선박 수로는 세계 3위)와 파나마(당시 8위)에 대해서 전통 해운국들은 진정한 선박 소유국이 아니라고 주장하였다.[12]

이 문제는 오랜 토론 끝에 헤이그의 국제사법재판소(International Court of Justice)에 조언을 구하기로 하였으며, 재판소는 9대 5로 라이베리아와 파나마를 제외하는 것은 IMCO 협약의 규정에 위배된다고 보았다. 다시 말해 선박 보유국이란 문자 그대로 국가 등록 톤수를 기준한다고 결정되었다. 이 논쟁은 이후에도 선박과 선주국의 '진정한 연계(genuine link)' 문제로 이어졌다. 그리고 '진정한 연

11) 해양수산부, 2016, 해양수산 통합행정 20년 발전사
12) 김인철·조익순, 해사안전행정론, 두남, 2020, 162~166쪽

계' 문제는 유엔해양법협약(UNCLOS)에서 항만국통제가 도입되는 배경 중의 하나가 된다.

1.2 항만국통제 제도

1.2.1 개요[13)]

항만국(Port State)이란 외국 선박이 기항하는 항만을 소유·관리하는 국가이다. 항만국통제(Port State Control, PSC)는 항만국이 자국의 관할 수역으로 진입하는 외국 선박에 대하여 그 선박이 국제협약의 기준에 따른 시설과 운항능력을 확보하고 있는지를 점검함으로써 선원 및 선박의 안전과 해양환경 보호를 목적으로 하는 제도이다.

IMO는 항만국통제의 시행에 필요한 각종 국제협약을 채택·시행하고 있으며, 선박의 제반 안전문제에 이해관계가 있는 국제기구의 회원국은 자국선의 시설과 운영을 협약요건에 맞추어야 할 의무를 가진다.

선박은 국적을 가지며 전통적으로 기국의 영토 일부로 인정되어 왔으므로 선박관리에 관한 준거법은 기국법이다. 따라서 선박이 협약 요건을 이행하도록 할 1차적 책임은 협약 당사국인 기국이다.[14)] 그러나 선박이 다른 국가의 항만에서 다른 국가

---

13) 김인철·정대율·조익순, 해사안전관리론, GS인터비전, 2022, 85~89쪽

14) UNCLOS 제94조(기국의 의무)

1. 모든 국가는 자국기를 게양한 선박에 대하여 행정적·기술적·사회적 사항에 관하여 유효하게 자국의 관할권을 행사하고 통제한다.
2. 모든 국가는 특히,
   (a) 일반적으로 수락된 국제규칙이 적용되지 아니하는 소형 선박을 제외하고는 자국기를 게양한 선명과 세부사항을 포함하는 선박등록대장을 유지한다.
   (b) 선박에 관련된 행정적·기술적·사회적 사항과 관련하여 자국기를 게양한 선박, 그 선박의 선장, 사관과 선원에 대한 관할권을 자국의 국내법에 따라 행사한다.
3. 모든 국가는 자국기를 게양한 선박에 대하여 해상안전을 확보하기 위하여 필요한 조치로서

의 통제를 받는다는 것은 그러한 요건의 충족 여부를 다른 국가 즉 항만국이 확인한다는 점에서 기국통제를 보완하기 위한 동등한 제도로 평가된다.

항만국은 국제협약이 정한 기준에 미달되는 선박에 대해 결함사항(Deficiency)의 시정을 요구하거나, 안전과 환경에 중대한 영향을 미치는 결함이 발견되는 경우에는 시정될 때까지 선박을 출항정지(Detention)[15] 할 수 있다. 또한 연안국이 국제협약을 준수하지 않는 다른 국가의 기준미달선(Substandard ship)에 대한 통제를

특히 다음 사항에 관한 조치를 취한다.

(a) 선박의 건조, 장비 및 감항성

(b) 적용가능한 국제문서를 고려한 선박의 인원배치, 선원의 근로조건 및 훈련

(c) 신호의 사용, 통신의 유지 및 충돌의 방지

4. 이러한 조치는 다음을 보장하기 위하여 필요한 사항을 포함한다.

(a) 각 선박은 등록전과 등록후 적당한 기간마다 자격있는 선박검사원에 의한 검사를 받아야 하며, 선박의 안전항행에 적합한 해도 · 항행간행물과 항행장비 및 항행도구를 선상에 보유한다.

(b) 각 선박은 적합한 자격, 특히 선박조종술 · 항행 · 통신 · 선박공학에 관한 적합한 자격을 가지고 있는 선장과 사관의 책임아래 있고, 선원은 그 자격과 인원수가 선박의 형태 · 크기 · 기관 및 장비에 비추어 적합하여야 한다.

(c) 선장 · 사관 및 적합한 범위의 선원은 해상에서 인명안전, 충돌의 방지, 해양오염의 방지 · 경감 · 통제 및 무선통신의 유지와 관련하여 적용가능한 국제규칙에 완전히 정통하고 또한 이를 준수한다.

5. 제3항과 제4항에서 요구되는 조치를 취함에 있어서, 각국은 일반적으로 수락된 국제적인 규제 조치, 절차 및 관행을 따르고, 이를 준수하기 위하여 필요한 조치를 취한다.

6. 선박에 관한 적절한 관할권이나 통제가 행하여지지 않았다고 믿을 만한 충분한 근거를 가지고 있는 국가는 기국에 그러한 사실을 통보할 수 있다. 기국은 이러한 통보를 접수한 즉시 그 사실을 조사하고, 적절한 경우, 상황을 개선하기 위하여 필요한 조치를 취한다.

7. 각국은 다른 국가의 국민에 대한 인명손실이나 중대한 상해, 다른 국가의 선박이나 시설, 또는 해양환경에 대한 중대한 손해를 일으킨 공해상의 해난이나 항행사고에 관하여 자국기를 게양한 선박이 관계되는 모든 경우, 적절한 자격을 갖춘 사람에 의하여 또는 그 입회 아래 조사가 실시되도록 한다. 기국 및 다른 관련국은 이러한 해난이나 항행사고에 관한 그 다른 관련국의 조사실시에 서로 협력한다.

15) 항만국통제 점검 시 선박의 감항성, 인명의 안전 및 해양환경에 중대한 지장을 초래하는 결함사항이 식별된 경우, 선박 또는 선원의 안전이 확보될 때까지 해당선박의 출항을 정지시키는 항만국의 규제조치

- (출항정지시 고려요소) 안전항해 가능여부, 화물의 안전한 취급 및 운반 가능 여부, 기관의 안전한 작동여부, 추진기와 타기의 적정여부, 효과적 화재진압 가능 여부, 신속한 퇴선 및 구조가능 여부, 환경오염방지 여부, 적정한 복원성 보유 여부, 적정한 수밀성 확보 여부, 조난상황에서 적정한 통신가능 여부 등
- (일반적 고려사항) 최우선 고려요소, 적정한 증서의 구비 여부, 최소승무정원의 승선여부

시행하는 것은 자국 연안에서 일으킬 수 있는 사고를 방지하고 해운산업을 보호할 목적도 띄고 있다고도 볼 수 있다.

1.2.2 도입 배경

제2차 세계대전 이후에 물동량이 폭증하였으며 선박량 증가와 함께 편의치적선(Flag of Convenience)[16]이 출현하였고 이러한 선박에 의한 대형 오염사고가 발생하였다. 대표적으로 1967년 라이베리아 선적의 유조선 토리캐년호(M/T Torrey Canyon)[17]와 1978년 아모코카디즈호(M/T Amoco Cadiz)[18] 해양오염 사고를 꼽을 수 있다.

선박이 등록된 기국, 특히 편의치적국의 안전관리 능력을 보완하기 위한 별도의 조치가 필요하다는 의견이 국제적으로 대두되었고, 이에 영국은 전통적인 해운국의 지지를 받아 1975년 3월에 유엔해양법협약(UNCLOS) 마련을 위한 제3차 회의에서 외국적 선박 통제에 관한 규정을 제안하였다. 1982년에 채택된 유엔해양법협약 제218조[19] 및 제219조에[20] 항만국통제의 근거가 마련되었다.

---

16) 초장기에는 Flag of convenience라고 불렸으나 요즘은 Open registry로 바꾸어 부른다.
17) 120,890 DWT, 61,263 GRT, 1959년 건조
18) 233,690 DWT, 109,700 GRT, 1974년 건조
19) 제218조(항만국에 의한 법령집행)

1. 선박이 어느 국가의 항구나 연안정박시설에 자발적으로 들어온 경우 그 국가는 권한 있는 국제기구나 일반외교회의를 통하여 수립된 적용가능한 국제규칙과 기준에 위반하여 자국의 내수, 영해 또는 배타적경제수역 밖에서 행하여진 그 선박으로부터의 배출에 관하여 조사를 행하고 증거가 허용하는 경우에는 소송을 제기할 수 있다.
2. 제1항에 따른 소송은, 자국의 내수, 영해나 배타적경제수역에서 배출 위반이 발생한 국가나 기국 또는 배출 위반으로 인하여 피해를 입었거나 위협을 받는 국가에 의하여 요청되거나 또는 위반이 소송을 제기하는 국가의 내수, 영해나 배타적경제수역에서 오염을 초래하거나 오염을 초래할 위험이 있는 경우를 제외하고는, 다른 국가의 내수, 영해나 배타적경제수역에서 배출 위반에 관하여 제기될 수 없다.
3. 선박이 어느 국가의 항구나 연안정박시설에 자발적으로 들어온 경우 그 국가는 어떤 국가가 자국의 내수, 영해나 배타적경제수역에서 발생하였거나 이들 수역에 대하여 피해를 입히거나 피해의 위협을 주었다고 판단되는 제1항에 언급된 배출 위반에 관한 조사요청을 할 경우, 실행가능한 한 이에 응한다. 그 국가는 위반이 발생한 장소에 관계없이 기국이 배출 위반에

1.3 항만국통제 지역별 협의체

호주는 이미 1972년에 자국법을 근거로 외국적 선박에 대한 안전점검을 시작하였으며, 미국도 1978년부터 자국법에 의한 외국적 선박 점검을 시행하고 있었다. 그러나 개별국의 입법에 의한 단독적이고 일방적인 규제방식보다 일정 권역의 국가들이 공동으로 실시하는 것이 더욱 효과적일 수 있다. 따라서 전 세계를 권역별로 구분한 지역 항만국통제 체제가 형성된다.

지역협정의 효시는 네덜란드의 발의로 1978년 3월에 헤이그에서 유럽 8개국[21] 해사당국이 체결한 양해각서(Memorandum of Understandings, MOU)이다[22]. 헤이그 양해각서는 IMO에서 체결한 각종 협약뿐만 아니라 1976년의 국제노동기구(ILO) 협약 제147호의 영향을 받았다.

헤이그 양해각서는 국제해사기구(IMO)와 국제노동기구(ILO)의 국제협약 기준을 이행하기 위하여 해사당국으로 하여금 그 나라에 기항하는 모든 국적의 해항선(seagoing ship)에 대하여 지속적으로 '통상적인 감독(general surveillance)'[23]을

관한 조사요청을 하는 경우에도 마찬가지로 실행가능한 한 응한다.

4. 이 조에 따라 항만국이 수행한 조사기록은 기국이나 연안국이 있으면 기국이나 연안국에 전달된다. 위반이 연안국의 내수, 영해나 배타적경제수역에서 발생한 경우 이러한 조사를 기초로 하여 항만국이 제기한 소송은 제7절에 따를 것을 조건으로, 연안국의 요청에 따라 중단될 수 있다. 이러한 경우 사건의 증거와 기록은 항만국의 당국에 제공된 보석금이나 그 밖의 재정적 담보와 함께 연안국에 이송된다. 이러한 이송이 행하여지는 경우 항만국에서 소송은 계속되지 아니한다.

20) 제219조(오염방지를 위한 선박감항성 관련조치) 제7절에 따를 것을 조건으로, 각국은 요청에 의하거나 자발적으로 자국 항구나 연안정박시설에 있는 어떠한 선박이 선박의 감항성에 관하여 적용되는 국제규칙과 기준을 위반함으로써 해양환경에 대해 피해를 입힐 위험이 있다고 확인한 경우, 실행가능한 한 그 선박의 항행을 금지시키기 위한 행정조치를 취한다. 각국은 그 선박이 가장 가까이 있는 적절한 수리장소까지만 운항하도록 허가할 수 있고 또한 위반원인이 제거되는 즉시 항행을 계속하도록 허가한다.

21) 벨기에, 프랑스, 서독(현재 독일), 네덜란드, 노르웨이, 스웨덴, 영국, 북아일랜드

22) George C. Kasoulides, Port State Control and Jurisdiction Evolution of the Port State Regime, London, Martinus Nijhoff Publishers, 1993, p. 142.

23) '감독'이란 각종의 국제협약, 주로 1976년 ILO 협약 제147호에 규정된 요건이 당해 선박에 충족되도록 유도하는 방식으로 정의하고 있었기 때문에 지역국가들 간에 선박의 결함 정보 공유에 관한 협력을 시도한 정도로 평가된다.

이행하도록 요구하였다. 그리고 선박의 안전이나 선원의 건강이 명백하게 위험한 상태에 이르지 아니하도록 보장하기 위하여 시행된다고 규정하였다(헤이그 양해각서 제1조).

그러나 1976년 국제노동기구(ILO) 협약 제147호는 1981년에 발효됨으로써 헤이그 양해각서에 따른 '통상적인 감독행위'의 착수 시점 또한 발효 이후로 늦춰졌다. 그런데 발효 이전인 1978년에 프랑스 연안에서 아모코카디즈호가 좌초[24]되어 대규모 오염사고가 발생하자 유럽 각국은 보다 엄격한 지역협정 체결의 필요성에 공감하게 되었다.

유럽 14개국[25]은 1982년 1월 26일 파리에서 각료회의를 열고 항만국통제에 관한 양해각서(MOU)[26]를 체결하였으며 같은 해 7월 1일에 발효되었다. 협의체로 '유럽지역 항만국통제위원회(Paris MOU)'를 결성하였다. 회원수는 27개국으로 증가하였다.

1982년 파리 양해각서는 헤이그 양해각서와 달리 국제협약의 항만국통제에 관한 포괄적 규정을 구체적으로 해석함으로써 적용범위를 확대하고 실행력을 갖춘 것으로 평가된다. 각 회원국에서 실시한 선박점검 결과는 하나의 정보시스템(SIRENAC information system)[27]에 입력하여 공유한다.

우리나라는 1986년 9월 1일 부산항과 인천항에서 처음으로 항만국통제를 시행하였으며, 1989년에 전국 항만으로 확대하였다. 1994년에는 'Paris MOU'를 모델로 아시아 태평양 지역 국가들이 모여 '아시아 · 태평양지역 항만국통제위원회(Tokyo MoU)'라는 협의체를 구성하였다. 그리고 공동으로 점검자료 관리를 위한 시스템

---

24) 1978. 3. 16일 밤, 233,690 DWT의 초대형 유조선 아모코 카디즈호가 중동산 원유를 만재하고 항해중 타기 고장으로 표류하다 프랑스 어촌 포트샬(Portsall) 앞바다 3 km에서 좌초됨. 구난 계약협상이 길어져 구난에 실패하였으며, 다음날인 10시경 선체는 두 동강이 나고 원유가 유출되어 북부 노르망디 해안과 도버해협 연안까지 오염됨. 선체 잔해는 프랑스 해군이 해상에서 폭파시킴.

25) 벨기에, 덴마크, 필란드, 프랑스, 독일, 그리스, 아일랜드, 이탈리아, 네덜란드, 노르웨이, 포르투갈, 스페인, 스웨덴, 영국.

26) Memorandum of Understanding on Port State Control in the European Region.

27) 프랑스에서 관리하고 있다.

(APCIS)[28]을 운영하고 있다.

전 세계에 지역별 PSC MOU는 9개가 있으며, 미국은 단독으로 시행하고 있다.

지역별 위원회는 매년 일정기간 동안 중점점검 주제를 선정하여 점검하는 활동(concentrated inspection campaign, CIC)을 펼치고 있으며, 항만국통제관의 교환 근무 등을 시행함으로써 지역 내에서 점검수준을 향상시키고 기준미달선의 퇴치를 위하여 노력하고 있다.

〈표 1-1〉 Regional PSC MOUs

	구분	채택일	회원국
1	Paris MOU (유럽지역)	1982.07.01	27개국
2	Vina Del Mar MOU (남미지역)	1992.11.05	13개국
3	Tokyo MoU (아 · 태지역)	1993.12.01	21개국
4	Caribbean MOU (카리브해 지역)	1996.02.09	24개국
5	Mediterranean MOU (지중해 지역)	1997.07.11	12개국
6	Indian Ocean MOU (인도양 지역)	1998.06.05	18개국
7	Abuja MOU (서 · 중앙아프리카)	1999.10.22	19개국
8	Black Sea MOU (흑해 지역)	2000.04.07	6개국
9	Riyadh MOU (아라비아 지역)	2004.06.30	6개국
10	United States Coast Guard (미국)	-	1개국

28) (APCIS) Asia Pacific Computerized Information System

〈그림 1-1〉 Regional PSC regimes

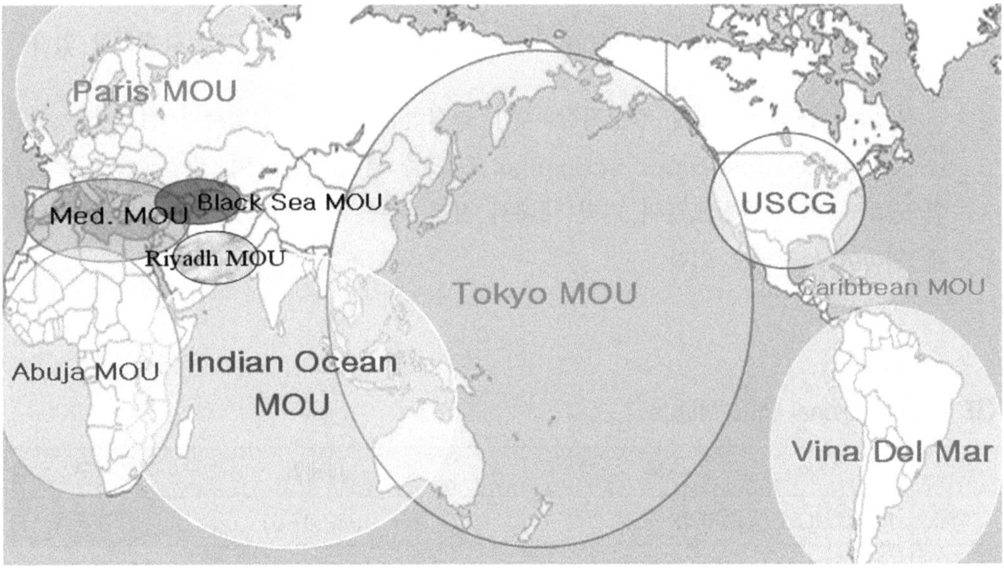

항만국통제의 법직근거 및 관련협약

2

2.1 항만국통제 법적근거

항만국통제와 관련된 대표적인 국제협약으로는 ① 1974 해상인명안전협약(SOLAS 74 & SOLAS PROT 78 & 88), ② 73/78 해양오염방지협약(MARPOL 73/78), ③ 1966 만재흘수선협약(LL66 & LL PROT 88), ④ 1969 선박톤수측정협약(TONNAGE 69), ⑤ 1978 선원의 훈련, 자격증명 및 당직기준에 관한 협약(STCW 78) 및 ⑥ 2006 해사노동협약(MLC 2006)[29] 등[30]이 있다.

항만국통제(PSC) 절차와 관련된 규정은 ①해상인명안전협약(SOLAS 74/88)의[31] 경우에 부속서 제1장 제19규칙, 부속서 제9장 제6.2규칙, 부속서 제11-1장 제4규칙, 부속서 제11-2장 제9규칙, ② 만재흘수선 협약(LL 66/88)[32] 제21조, ③ 해양오염방지협약(MARPOL 73/78) 부속서 제1장 제5조, 제6조 및 제11규칙, 부속서 제2장 제16.9규칙, 부속서 제3장 제8규칙, 부속서 제4장 제13규칙, 부속서 제5장 제8규칙, 부속서 제6장 제10규칙이다. ④ 선원의 훈련, 자격증명 및 당직기준에 관한 협약(STCW 1978) 제10조, ⑤ 선박톤수측정협약(TONNAGE 1969) 제12조, ⑥ 유해방오도료통제협약(AFS 2001) 제11조, ⑦ 선박평형수관리협약(BWM 2004) 제9조이다.[33]

국제노동기구(ILO)에서 채택한 해사노동협약(MLC 2006)에도 관련 규정이 있다.

우리나라는 1997. 12. 17일 일부개정된 「선박안전법」에서 처음으로 항만국통제 시행에 관한 근거가 신설되었다. 「선박안전법」 제68조에서 항만국통제를 '외국선박의 구조·설비·화물운송방법 및 선원의 선박운항지식 등이 대통령령으로 정하는 선박안전에 관한 국제협약에 적합한지 여부를 확인하고 그에 필요한 조치'를 하는 것으로 정의하고 있다.[34]

---

29) (MLC) Maritime Labour Convention, 2006
30) COLREG 72, ILO Convention No. 14, AFS 2001, CLC 1969, BWM 2004
31) SOLAS 1974, as modified by SOLAS Protocol 1988
32) LL 1966, as modified by LL Protocol 1988
33) PSC 절차와 관련된 규정은 총회시 마다 개정되지만 크게 바뀌지는 않는다. 2019년 제31차 총회에서 갱신된 결의서 A.1138(31)은 2021년 제32차 총회에서 A.1155(32)로 대체되었다.

점검기준이 되는 선박안전에 관한 국제협약은 「선박안전법 시행령」 제16조에서 ① 해상에서의 인명안전을 위한 국제협약, ② 만재흘수선에 관한 국제협약, ③ 국제해상충돌 예방규칙 협약, ④ 선박톤수 측정에 관한 국제협약, ⑤ 상선의 최저기준에 관한 국제협약, ⑥ 선박으로부터의 오염방지를 위한 국제협약, ⑦ 선원의 훈련·자격증명 및 당직근무에 관한 국제협약으로 정하고 있다.[35]

---

34) 선박안전법 제68조(항만국통제)

① 해양수산부장관은 외국선박의 구조·설비·화물운송방법 및 선원의 선박운항지식 등이 대통령령으로 정하는 선박안전에 관한 국제협약에 적합한지 여부를 확인하고 그에 필요한 조치(이하 "항만국통제"라 한다)를 할 수 있다.

② 해양수산부장관은 제1항의 규정에 따른 항만국통제를 하는 경우 소속 공무원으로 하여금 대한민국의 항만에 입항하거나 입항예정인 외국선박에 직접 승선하여 행하게 할 수 있다. 이 경우 당해 선박의 항해가 부당하게 지체되지 아니하도록 하여야 한다.

③ 해양수산부장관은 제1항에 따른 항만국통제의 결과 외국선박의 구조·설비·화물운송방법 및 선원의 선박운항지식 등이 제1항에 따른 국제협약의 기준에 미달되는 것으로 인정되는 때에는 해당선박에 대하여 수리 등 필요한 시정조치를 명할 수 있다.

④ 해양수산부장관은 제1항에 따른 항만국통제 결과 선박의 구조·설비·화물운송방법 및 선원의 선박운항지식 등과 관련된 결함으로 인하여 해당 선박 및 승선자에게 현저한 위험을 초래할 우려가 있다고 판단되는 때에는 출항정지를 명할 수 있다.

⑤ 외국선박의 소유자는 제3항 및 제4항에 따른 시정조치명령 또는 출항정지명령에 불복하는 경우에는 해당명령을 받은 날부터 90일 이내에 그 불복사유를 기재하여 해양수산부장관에게 이의신청을 할 수 있다.

⑥ 제5항의 규정에 따라 이의신청을 받은 해양수산부장관은 소속 공무원으로 하여금 당해 시정조치명령 또는 출항정지명령의 위법·부당 여부를 직접 조사하게 하고 그 결과를 신청인에게 60일 이내에 통보하여야 한다. 다만, 부득이한 사정이 있는 때에는 30일 이내의 범위에서 통보시한을 연장할 수 있다.

⑦ 시정조치명령 또는 출항정지명령에 대하여 불복이 있는 자는 제5항 및 제6항의 규정에 따른 이의신청의 절차를 거치지 아니하고는 행정소송을 제기할 수 없다. 다만, 「행정소송법」 제18조제2항 및 제3항의 규정에 해당되는 경우에는 그러하지 아니하다.

⑧ 제3항 내지 제7항의 규정에 따른 외국선박에 대한 조치 및 이의신청 등에 관하여 필요한 사항은 대통령령으로 정한다.

35) 선박안전법 시행령 제16조(항만국통제의 시행)

① 법 제68조제1항에서 "대통령령으로 정하는 선박안전에 관한 국제협약"이란 다음 각 호의 협약을 말한다.

1. 「해상에서의 인명안전을 위한 국제협약」
2. 「만재흘수선에 관한 국제협약」
3. 「국제 해상충돌 예방규칙 협약」
4. 「선박톤수 측정에 관한 국제협약」
5. 「상선의 최저기준에 관한 국제협약」
6. 「선박으로부터의 오염방지를 위한 국제협약」

이외에도 항만국통제와 관련된 근거법령으로는 「해상교통안전법」[36], 「해양환경관리법」[37], 「선원법」[38], 「선박직원법」[39], 「국제항해선박 및 항만시설의 보안에 관한

---

7. 「선원의 훈련·자격증명 및 당직근무에 관한 국제협약」

② 제1항제5호의 「상선의 최저기준에 관한 국제협약」을 적용할 때 1994년 3 월31일 이전에 용골(龍骨)이 거치된 선박에 대하여는 같은 협약의 적용으로 인하여 선박의 구조 또는 거주설비의 변경이 초래되지 아니하는 범위에서 항만국통제를 실시한다.

36) 해상교통안전법 제57조(항만국통제)

① 해양수산부장관은 대한민국의 영해에 있는 외국선박 중 대한민국의 항만에 입항하였거나 입항할 예정인 선박에 대하여 선박의 안전관리체제, 선박의 구조·시설, 선원의 선박운항지식 등이 대통령령으로 정하는 해사안전에 관한 국제협약의 기준에 맞는지를 확인(이하 "항만국통제"라 한다)할 수 있다.

② 해양수산부장관은 항만국통제 결과 외국선박의 안전관리체제, 선박의 구조·시설, 선원의 선박운항지식 등이 국제협약의 기준에 미치지 못하는 경우로서, 해당 선박의 크기·종류·상태 및 항행기간을 고려할 때 항행을 계속하는 것이 인명이나 재산에 위험을 불러일으키거나 해양환경 보전에 장해를 미칠 우려가 있다고 인정되는 경우에는 그 선박에 대하여 항행정지를 명하는 등 필요한 조치를 할 수 있다.

③ 해양수산부장관은 제2항에 따른 위험과 장해가 없어졌다고 인정할 때에는 지체 없이 해당 선박에 대한 조치를 해제하여야 한다.

④ 항만국통제 및 제2항에 따른 조치에 필요한 사항은 해양수산부령으로 정한다.

37) 해양환경관리법 제59조(해양오염방지를 위한 항만국통제)

① 해양수산부장관은 우리나라의 항만·항구 또는 연안에 있는 외국선박에 설치된 해양오염방지설비등, 방오시스템 및 선박에너지효율이 해양오염방지에 관한 국제협약에 따른 기술상의 기준에 적합하지 아니하다고 인정되는 경우에는 그 선박의 선장에 대하여 해양오염방지설비등, 방오시스템 및 선박에너지효율 관련 설비 등의 교체·개조·변경·수리·개선이나 그 밖에 필요한 조치(이하 "항만국통제"라 한다)를 명령할 수 있다.

② 항만국통제의 시행에 필요한 절차는 「선박안전법」 제68조 내지 제70조의 규정을 준용한다.

38) 선원법 제132조(외국선박에 대한 점검)

① 해양수산부장관은 소속 공무원에게 국내 항(정박지를 포함한다. 이하 같다)에 있는 외국선박에 대하여 다음 각 호의 사항을 점검하게 할 수 있다.

1. 기국에서 발급한 승무정원증명서와 그 증명서에 따른 선원의 승선 여부
2. 선원당직국제협약의 항해당직 기준에 따른 항해당직의 시행 여부
3. 선원당직국제협약에 따른 유효한 선원자격증명서나 그 면제증명서의 소지 여부
4. 해사노동협약에 따른 해사노동적합증서 및 해사노동적합선언서의 소지 여부
5. 해사노동협약에 따른 선원의 근로기준 및 생활기준의 준수 여부

② 해양수산부장관은 제1항에 따라 점검을 할 경우 소속 공무원으로 하여금 그 선박에 출입하여 장부·서류 및 그 밖의 물건을 점검하고, 해당 선원에게 질문하거나 선원의 근로기준 및 생활기준 등에 대하여 직접 확인하게 할 수 있다.

③ 제1항제1호부터 제3호까지의 규정에 해당하는 사항에 대한 점검은 「선박안전법」 제68조에 따른다.

39) 선박직원법 제17조(외국선박의 감독)

법률」[40] 등이 있다.

---

① 해양수산부장관은 소속 공무원으로 하여금 대한민국 영해 안에 있는 외국선박에 승무하는 선박직원에 대하여 다음 각 호의 사항을 검사하거나 심사하게 할 수 있다.

1. 「선원의 훈련·자격증명 및 당직근무의 기준에 관한 국제협약」 또는 「어선 선원의 훈련·자격증명 및 당직근무의 기준에 관한 국제협약」에 적합한 면허증 또는 증서를 가지고 있는지 여부
2. 「선원의 훈련·자격증명 및 당직근무의 기준에 관한 국제협약」 또는 「어선 선원의 훈련·자격증명 및 당직근무의 기준에 관한 국제협약」에서 정한 수준의 지식과 능력을 갖추고 있는지 여부

② 해양수산부장관은 제1항에 따른 검사 또는 심사를 한 결과 그 선박직원이 제1항 각 호의 요건을 충족하지 못한다고 인정할 때에는 그 외국선박의 선장에게 그 요건을 충족하는 선박직원을 승무시키도록 문서로 통보하여야 한다. 이 경우 해양수산부장관은 대한민국에 있는 해당 국가의 영사(해당 선박이 소속된 선적국가의 영사를 말하며, 영사가 없는 경우에는 가장 가까운 곳의 외교관 또는 해운당국을 말한다)에게 그 선장으로 하여금 적합한 선박직원을 승무시키게 하는 데에 필요한 조치를 하도록 문서로 통보하여야 한다.

③ 해양수산부장관은 제2항 전단에 따른 통보를 받은 그 외국선박의 선장이 제1항 각 호의 요건을 충족하는 선박직원을 승무시키지 아니한 경우에 항행을 계속하는 것이 인명 또는 재산에 위험을 초래하거나 해양환경보전에 장해가 될 염려가 있다고 인정할 때에는 그 외국선박에 대하여 항행정지를 명하거나 그 항행을 정지시킬 수 있다.

④ 해양수산부장관은 제3항에 따른 위험과 장해가 없어졌다고 인정할 때에는 지체 없이 항행을 하게 하여야 한다.

⑤ 제1항에 따른 검사 및 심사의 방법과 검사 및 심사를 하는 소속 공무원의 자격에 관하여는 「선박안전법」 제68조 및 제76조에 따른다.

[40] 국제항해선박 및 항만시설의 보안에 관한 법률 제19조(항만국통제)

① 해양수산부장관은 대한민국의 항만 안에 있거나 대한민국의 항만에 입항하려는 외국 국적의 국제항해선박의 보안관리체제가 협약 등에서 정하는 기준에 적합한지 여부를 확인·점검하고 그에 필요한 조치(이하 "항만국통제"라 한다)를 할 수 있다.

② 항만국통제를 위한 확인·점검의 절차는 유효한 국제선박보안증서등의 비치 여부만을 확인하는데 한정되어야 한다. 다만, 해당 선박이 협약 등에서 정하는 기준에 적합하지 아니하다는 명백한 근거로서 해양수산부령으로 정하는 사유가 있는 때에는 그러하지 아니하다.

③ 해양수산부장관은 제1항에 따른 확인·점검의 결과 제2항 단서에 따른 명백한 근거가 있거나 유효한 국제선박보안증서등을 제시하지 못하는 선박에 대하여는 출항정지·이동제한·시정요구·추방 또는 이에 준하는 조치를 명할 수 있다.

④ 대한민국의 항만에 입항하려는 외국 국적의 국제항해선박은 그 항만에 입항하기 24시간 이전에 해양수산부령으로 정하는 바에 따라 해당 선박의 보안에 관한 정보(이하 "선박보안정보"라 한다)를 해양수산부장관에게 통보하여야 한다. 다만, 기상악화 등 급박한 위험을 피하기 위하여 긴급히 입항하거나 해양수산부령으로 정하는 사유가 있는 경우에는 입항과 동시에 선박보안정보를 통보할 수 있다.

⑤ 해양수산부장관은 제4항에 따라 통보받은 선박보안정보를 해양수산부령으로 정하는 바에 따라 해양경찰청장에게 통보하여야 한다.

⑥ 해양수산부장관은 제4항에 따라 통보받은 선박보안정보를 검토한 결과 제2항 단서에 따른

「해양환경관리법」, 「선원법」, 「선박직원법」에서는 「선박안전법」에 따른 점검절차를 준용하여 항만국통제를 시행한다고 규정하고 있다.

그러나 항만국통제 실무에서는 국내 법령뿐만 아니라 국제협약에 근거한 항만국통제 시행 원칙을 이해하는 것이 중요하다. 특히, 구체적인 국제 표준인 'IMO 항만국통제 절차서(Procedures for Port State Control)'를 기반으로 점검과 통제를 시행할 것을 권장한다. 이 절차서는 수시로 개정되므로, 가능한 한 최신판을 확인해야 한다.

명백한 근거가 있다고 인정되는 선박에 대하여는 이동제한 · 시정요구 · 선박점검 또는 입항거부 등의 조치를 명할 수 있다. 이 경우 해당 선박으로 인하여 그 항만에 정박하고 있는 다른 선박 또는 항만시설에 보안사건이 발생할 수 있다고 인정될 만한 상당한 근거가 있는 때에는 추가적으로 그 사실을 관계 국가보안기관에 통보하여 필요한 조치를 하도록 하여야 한다.

⑦ 해양수산부장관은 제3항 및 제6항의 조치를 취하려는 때에는 사전에 그 취지를 해당 외국 국적의 국제항해선박소유자 또는 선장에게 통지하여야 한다.

⑧ 해양수산부장관은 제3항 및 제6항의 조치를 취한 때에는 해당 선박에 대하여 국제선박보안증서등을 교부한 국가의 정부에 그 사실을 통보하여야 하며, 선박의 입항이 거부되거나 추방된 때에는 해당 선박의 다음 기항지 국가 및 그 연안국의 정부에 해양수산부령으로 정하는 사항을 통보하여야 한다.

⑨ 외국 국적의 국제항해선박소유자 또는 선장은 제3항 및 제6항에 따른 출항정지 · 이동제한 · 시정요구 · 추방 · 선박점검 또는 입항거부 등의 명령(이하 "시정명령등"이라 한다)이 위법하거나 부당하다고 생각되는 경우에는 해양수산부령으로 정하는 바에 따라 시정명령등을 받은 날부터 90일 이내에 그 불복사유를 기재하여 해양수산부장관에게 이의신청을 할 수 있다.

⑩ 제9항에 따라 이의신청을 받은 해양수산부장관은 소속 공무원으로 하여금 그 시정명령등의 위법 · 부당 여부를 직접 조사하게 하고 그 결과를 신청자에게 60일 이내에 통보하여야 한다. 다만, 부득이한 사정이 있는 때에는 30일의 범위에서 통보시한을 연장할 수 있다.

⑪ 시정명령등에 대하여 불복하는 자는 제9항 및 제10항에 따른 이의신청의 절차를 거치지 아니하고는 행정소송을 제기할 수 없다. 다만, 「행정소송법」 제18조제2항 및 제3항에 해당되는 경우에는 그러하지 아니하다.

⑫ 제3항 및 제6항에 따른 시정명령등의 세부내용, 제4항에 따른 선박보안정보의 통보절차 및 제9항에 따른 이의신청 등에 관하여 필요한 사항은 해양수산부령으로 정한다.

2.2 항만국통제 관련 주요 국제협약

2.2.1 유엔해양법협약(UNCLOS)

항만국통제의 대표적인 법원으로 해양법에 관한 유엔협약 (United Nations Convention on the Law of the Sea, 1982, UNCLOS)은 제3차 해양법에 관한 유엔회의(UNCLOS-Ⅲ, 1973년~1982년)결과 1982년 채택된 국제협약이다.

유엔해양법협약 제12편[41])은 해양환경 보호와 보존에 관한 규정으로서 선박운항에 기인하는 해양오염 방지에 대한 다양하고 상세한 규정들을 담고 있다. 항만국통제(PSC)에 관해서도 기국정부의 이행의무, 연안국의 권한, 기타 보완규정 등이 기술되어 있다.

항만국은 유엔해양법협약 제12편에 속한 제218조 및 제219조의 규정에 따라 자국 항만에 입항하는 외국선박이 국제협약의 기준을 위반하여 자국 내수면, 영해 또는 배타적경제수역(EEZ)에서 오염물질을 배출하는지 여부를 조사할 수 있으며, 증거가 충분한 경우 소송까지 제기할 수 있다. 또한, 해당 선박의 감항성이[42]) 국제협약의 기준에 미달하는 경우에는 출항을 통제하여야 하며, 필요하다면 수리를 위하여 가장 가까운 인근 항만으로 이동을 허락하고, 기준미달 상태가 해소된 경우에는 즉시 항해를 허락하여야 한다.

---

41) UNCLOS PART Ⅻ. PROTECTION AND PRESERVATION OF THE MARINE ENVIRONMENT

42) 감항성(Seaworthiness) : 선박이 목적지까지 안전하게 항해할 수 있는 능력으로서 악천후를 견딜 수 있는 선체구조와 복원성, 장비와 인력 등이 갖추어져야 한다. 해상에서 마주하게 될 일반적인 모든 위험에서 안전하게 항해하기에 적합한 상태이며, 해상보험약관에 묵시적 보증조항이다.

2.2.2 1974 해상인명안전협약(SOLAS 74/88)

1974년 해상인명안전협약(International Convention for the Safety of Life at Sea, 1974와 1988년 Protocol, 이하 SOLAS 협약)은 IMO의 협약 중에서 해상안전과 해양환경보호를 위한 예방적 규제 규범의 가장 대표적인 것이라 할 수 있다.

SOLAS협약에서 관련 규정은 부속서 제1장 제19규칙, 부속서 제9장 제6.2규칙, 부속서 제11-1장 제4규칙, 부속서 제11-2장의 제9규칙에 있다.

SOLAS협약은 선박의 안전과 관련된 선박의 구조, 복원성, 구명설비, 소화설비 및 무선설비를 포함한 항해장비 등에 관한 사항을 규정하고 있다.

SOLAS협약 부속서 제1장 제19규칙에서 항만국통제는 협약증서의 유효 여부를 확인하도록 규정하고 있으며, 선박상태가 협약기준에 적합하지 않다고 믿을 만한 명백한 근거가 있는 경우에는 추가적 조치를 취할 수 있다. 따라서 항만국은 선박의 증서가 유효하지 않거나 협약기준에 적합하지 않다는 명백한 근거가 있는 경우에는 선박의 출항을 정지시키고 협약기준에 적합하도록 필요한 조치를 취하거나, 적절한 수리장소로 항해할 수 있도록 조치를 취한다.

항만국통제에 관한 SOLAS협약의 규정은 더욱 발전되어 동 협약 부속서 제11장 제4규칙에 의하여 선장과 선원들이 선박의 안전에 관한 필수적 선상 조치에 익숙한지 여부까지 점검할 수 있게 되었는데 이는 선박의 물적관리에 추가하여 인적관리까지 항만국통제 범위에 포함시킨 것으로써, ISM Code의 시행과 연계한 선박안전관리의 획기적 전환점이었다고 평가된다.

2.2.3 1966 만재흘수선협약(LL 66/88)

1966년 만재흘수선협약(International Convention on Load Lines, 1966, 이하 LL협약)은 선박의 만재흘수선 지정 및 표시에 관한 사항을 규정하고 있으며 협약본문과 3개의 부속서로 구성되어 있다.

만재흘수선협약은 선박의 만재흘수선 지정 및 표시에 관한 사항을 규정하고 있다.

이 협약 제21조에서는 항만국통제를 유효한 협약증서 소지여부를 확인하는 것으로 한정하고 있으며, 이를 위하여 시행하는 항만국통제 범위는 ①증서상의 허용 범위를 초과한 적재 여부, ②만재흘수선 위치가 증서와 일치하는지 여부, ③선박의 불합리한 개조 여부를 확인하는 것이다.

항만국통제 결과로 결함사항이 발견되는 경우의 사후처리에 대하여는 SOLAS협약 부속서 제1장 제19규칙의 규정과 유사하게 규정하고 있다.

2.2.4 73/78 해양오염방지협약(MARPOL 73/78)

선박으로부터의 기름에 의한 해양오염의 규제 조치로서는 1954년 5월 12일에 채택되어 1958년 7월 26일 발효된 1954년 유류에 의한 해양오염방지 협약(OILPOL; International Convention for the Prevention of Pollution of the Sea by Oil, 1954 as amended in 1962 and 1969)이 있었으나, 1973년 10월 8일부터 11월 2일 사이에 런던에서 개최된 해양오염에 관한 국제회의에서 기름 이외의 선박으로부터 배출될 수 있는 각종 오염물질의 배출도 규제하기 위하여 1973년 해양오염방지 협약이 채택되었다.

이 협약은 1978년 2월 17일 1978년 의정서에 의하여 수정되었고, 1980년 11월 4일 그 명칭을 "이 협약에 관한 1978년 의정서에 의하여 수정된 1973년 선박으로부터의 오염방지를 위한 국제협약(International Convention for the

Prevention of Pollution from Ships 1973, as Modified by The Protocol of 1978 relating thereto, 이하 MARPOL협약)"으로 통일하였다.

MARPOL 73/78협약 중 항만국통제와 관련된 규정은 부속서 제1장 제5조, 제6조 및 제11규칙, 부속서 제2장 제16.9규칙, 부속서 제3장 제8규칙, 부속서 제4장 제13규칙, 부속서 제5장 제8규칙, 부속서 제6장 제10규칙이다.

MARPOL 73/78협약 부속서 제1장 제5조 및 제6조에 따라 시행하는 항만국통제는 SOLAS협약과 대동소이하며, 다른 점은 외국선박이 MARPOL 73/78협약의 규정에 적합하지 않다는 것을 이유로 항만당국이 입항을 거부할 수 있고, 당해 선박에 의한 오염행위의 감시와 발견을 위하여 항만국통제를 시행할 수 있다는데 있다. 따라서 오염행위가 발견되는 경우 항만국은 소송절차를 취하는 등 SOLAS협약에 비하여 더욱 엄격한 통제사항을 포함하고 있으며, MARPOL 73/78협약에도 SOLAS협약 부속서 제11-1장 제4규칙과[43] 같이 선장과 선원들의 오염방지업무에 대한 숙지 여부를 통제할 수 있도록 여섯 개 부속서에 각각 관련규정을 신설하였다.

---

[43] Chapter XI-1 Reg. 4(운항요건에 관한 항만국통제)

1. 타 당사국 정부의 항내에 있는 선박은, 선장이나 선원이 그 선박의 안전에 관련된 필수적인 본선절차를 숙지하고 있지 못하다고 간주할 수 있는 분명한 이유가 있을 경우, 선박의 안전과 관련된 운용요건과 관련하여 그 정부에 의하여 정당히 권한을 부여받은 검사관의 운항요건에 관한 통제에 따라야 한다.
2. 이 규칙의 제1항에 정의된 상황에서 통제를 시행하는 당사국 정부는 그 상황이 현 협약의 요건에 따라서 정상적인 상태가 될 때까지 해당 선박이 출항을 하지 못하도록 하는 조치를 취하여야 한다.
3. 제1장 제19규칙에 규정된 항만국통제에 관한 절차는 이 규칙에도 적용되어야 한다.
4. 이 규칙의 어떠한 사항도 규칙들에서 특별히 규정하는 운항요건에 대한 통제를 시행하는 협약 당사국 정부의 권한 및 책임을 제한하는 것으로 해석되어서는 아니 된다.

2.2.5 1978 선원의 훈련, 자격증명 및 당직기준에 관한 협약 (STCW 1978협약)

1978 선원의 훈련, 자격증명 및 당직근무 기준에 관한 국제협약(International Convention on Standards of Training, Certification and Watchkeeping for Seafarers, 1978, as amended in 1995, 이하 STCW협약)은 1978년 7월 4일 채택되었으며, 1984년 4월 28일 발효되었다.

STCW협약 제10조에 의하여 시행하는 항만국통제는 선원들이 유효한 자격 증서를 보유하고 있는지에 대한 점검이며 일반적인 절차는 SOLAS협약의 경우와 대동소이하다.

2.2.6 1969 선박톤수측정협약(TONNAGE 1969)

1969년 선박톤수측정에 관한 국제협약(International Convention on Tonnage Measurement of Ships, 1969, 이하 TONNAGE협약)은 협약본문과 2개의 부속서로 구성되어있으며, 1969년 6월 23일 채택되어 국제적으로 1982년 7월 18일부터 발효되어 국내에서는 선박법에서 수용하고 있다.

TONNAGE협약 제12조는 협약을 채택한 기국의 선박은 다른 체약국의 항만에서 그 국가의 항만국통제관이 점검하려는 경우에 따라야 한다고 규정하고 있다. 이러한 점검은 선박이 유효한 국제톤수증서를 소지하고 있는지 여부와 선박의 주요제원 등이 증서상의 기재된 내용과 같은지 여부만을 확인하는 것이다.

점검시 국제톤수증서상의 결함이 있는 경우라 할지라도 항만국은 이로 인하여 선박의 지연을 초래할 수 없으며, 또한 선박의 제원 중 다른 증서상의 내용과 상이하여 총톤수나 순톤수에 영향을 미치는 경우에는 지체 없이 기국 정부에 통보하여야 한다고 규정하고 있다.

'Tokyo MoU'에서는 결함사항 발견시 시정을 요구하는 경고서한(Letter of Warning)을 선장에게 발급하고 즉시 출항토록 조치하도록 규정하고 있다.

2.2.7 해사노동협약(MLC)

해사노동협약(MLC 2006)은 국제노동기구(ILO) 설립 초기부터 꾸준히 마련하였으나 중복되고 최신화하지 못한 선원 직업소개, 최저연령, 근로시간 등에 관한 39개 협약과 29개의 권고를 단일의 협약으로 통합하여 2006. 2. 23일에 채택하였으며, 2013년 8월 20일에 발효된 협약이다.

그간 항만국통제의 근거가 되었던 ILO협약 제147호 '상선의 최저기준에 관한 협약'은[44] 해사노동협약(MLC)에 통합되었다.[45]

협약에 따른 회원국의 의무는 ① 협약에 의한 책무를 완수하기 위하여 채택한 법령 또는 기타 조치의 이행, ② 협약 요건의 준수를 보장하기 위하여 자국 국기를 게양하는 선박에 대한 효과적인 관할권 행사 및 통제, ③ 자국 국기를 게양하는 선박으로 하여금 협약 요건에 따른 해사노동적합증서[46] 및 해사노동적합선언서의 강제 비치, ④ 자국 항만에 입항하는 외국적 선박에 대한 협약요건 준수 여부 점검,

---

44) ILO 협약 제147호 '1976년 상선의 최저기준에 관한 협약'은 동 협약에 부속된 여러 ILO 협약을 근거로 기국에 관계없이 등록된 모든 상선에서 준수되어야 할 안전, 사회보장, 선내 고용 및 주거시설에 관한 최저 기준을 정하고 있다. 따라서 기국이 제147호 협약을 비준했는가에 관계없이 비준국은 자국의 항구에 기항하는 외국선박에 대하여 해당 선박이 협약 기준에 일치하지 않는다는 불평불만이나 증거를 근거로 점검할 수 있었다. 제147호 협약 채택 이전에는 국제규칙이 단지 안전과 외부환경에 위협을 가할 수 있는 선박의 상태에만 관심을 가졌던 것에 비하면 혁신적인 것이었다. 또한 항만국은 안전이나 건강에 명백히 해로운 선내 상태를 시정하기 위하여 그 선박이 협약을 비준하지 않은 국가에 등록된 선박이라 하더라도 출항정지를 포함한 조치를 할 수 있었다.

45) 우리나라는 해사노동협약(MLC) 비준을 위하여 2011. 8. 4일에 선원법을 전부 개정하고 2012. 2. 5일부터 시행하였다. 그리고 2014. 1. 9일 비준서를 ILO에 등록함에 따라 2015. 1. 9일에 해사노동협약(MLC)이 국내에 발효되었다.

46) 해사노동적합증서의 인증검사 : 선원법 제137조에 따라 다음 선박의 어느 하나에 해당하는 선박에 대하여 선원의 근로 및 생활 요건이 해사노동협약과 선원관계법령의 기준에 적합한지 여부를 확인하기 위한 검사

⑤ 자국 관할영역에 있는 선원 모집 및 직업소개업체에 대한 관할권 행사 및 통제이다.

선박검사의 개요 및 실무

3

3.1 선박검사의 개요 및 국내 규정

3.1.1 선박 검사 목적

선박검사란 선박이 해당 규정을 만족하고 있는지를 확인하는 일련의 과정을 말하며, 해당 규정은 어느 기관에서 제정된 규정이냐에 따라 구분된다. IMO(International Maritime Organization)에서 제정된 국제협약, 선박의 주관청에서 제정한 법령, 민간 선급기관에서 제정된 선급 규칙 및 산업계의 규칙/지침이 이에 해당된다.

선박검사는 선박이 해당 규정을 모두 만족하고 있는지를 확인하는 과정에서 선박의 설계단계에서 도면의 검토 및 승인, 건조 과정에서 선박 규정 및 설계도면에 따라 건조되는지에 대한 확인 그리고 선박이 운항과정에서 선박의 기기 및 선원의 안전기준에 관한 사항들이 해당 규정에 적합함을 확인하면서 증서를 발급하게 된다.

선박 검사의 목적은 크게 5가지로 구분할 수 있다.

1) 선박의 안전 확보 및 유지, 사고의 사전예방
2) 사고 발생 시 손해 확대 방지 및 신속 처리
3) 위험관리 측면에서의 선박의 상태에 따른 위험도 평가
4) 사고 발생 시 사고의 원인 및 손해정도의 조사
5) 선박의 시장 가치 산정을 위한 선박 상태의 조사

선박검사제도는 선박의 감항성 여부를 공정하고 투명하게 확인하는 일련의 과정을 제도화한 것이며, 선원들의 인명 안전과 선박 재산의 보호 및 선박으로부터의 해양환경 보호를 위하여 제정한 안전 및 환경기준에 적합함을 확인하면서 해양사고를 미연에 방지하고자 하는데 목적이 있다.

3.1.2 선박 검사 국내 규정

국내에서 규정하는 선박안전은 ①선박검사기준의 제정·시행, ②안전검사, ③소유자의 선박 유지·보수가 종합적이고 유기적으로 작용하고 있다. 이들 선박안전을 달성하기 위한 체계는 기본적으로 정부를 중심으로 하여 이루어지고 있으며, 선박검사기준의 제·개정은 해양수산부의 권한이며, 안전검사는 권한의 위탁을 받은 검사대행기관이 담당하고 있다.

선박검사기준은 선박안전법, 어선법에 그 제정 근거를 두고 선박검사기준의 세부적인 내용은 각 법률의 시행규칙 별표와 '고시'에 분산되어 규정·운영되고 있다. 선박안전법, 어선법 하위 '고시'가 있으며, 법령에 따른 선박검사의 관련 법령 및 규정은 〈표 3-1〉과 같다.

〈표 3-1〉 선박검사 관련 법령 및 규정

관련 법령(총 4개 법령)	관련 규정(총 159개 규정)
- 선박안전법 및 같은 법 시행령과 시행규칙 - 어선법 및 같은 법 시행령과 시행규칙 - 해양환경관리법 및 같은 법 시행령과 시행규칙 - 수상레저안전법 및 같은 법 시행령과 시행규칙	- 선박안전법 관련 규정 : 53종 - 어선법 관련 규정 : 18종 - 해양환경 및 위험물 관련 규정 : 22종 - 그 밖의 관련 규정 : 66종

선박검사는 자국에서 법령으로 정해진 강제적 검사 성격을 가지고 있다는 것이며, 선박검사기준은 국제적 선박안전기준을 준용하고 이를 자국의 법령으로 제정하고 있다. 국제협약의 경우에는 국제항해에 종사하는 선박에 대하여 강제적 적용 규정이지만, 그 이외에 세부적으로 규정하고 있는 비강제적인 회람문서(Circ.)의 경우에는 국가마다 수용할지에 대하여 결정할 수 있다.

〈표 3-2〉 선박검사의 특징

구 분	선박검사
목 적	정부의 해양안전 책무에 따라 선박의 감항성(seaworthiness, 堪航性) 유지 및 안전운항에 필요한 최소사항 규정 및 관리
특 징	자국 법령에 기초한 강제검사
선박검사기준	정부법령 및 협약 * 선박안전법, 어선법, 해양환경관리법, IMO Convention(SOLAS, MARPOL 등)
검사주기	5년 (제2종 중간검사, 제1종 중간검사, 정기검사)
증서	선박검사증서, 해양오염방지검사증서, 각종 협약증서
수행기관	한국해양교통안전공단, 선급법인(한국선급, 프랑스선급)

선박안전법 및 어선법 등에 따라 공단에서 집행하는 선박검사의 종류는 〈표 3-3〉에서 보여주고 있으며, 건조검사, 정기검사, 중간검사, 임시검사, 임시항해검사 및 협약검사로 나눠지고, 각각의 선박검사와 관련하여 검사시기를 규정하고 있으며, 이러한 선박검사와 관련하여서는 선박안전법 및 어선법에 규정하고 있는 법률로 규정하고 있다.

〈표 3-3〉 선박검사 종류

구 분	검 사 내 용	검사시기
건조검사	선박을 건조하는 때 행하는 검사	선박건조 시
정기검사	최초로 항해에 사용할 때 또는 선박검사증서의 유효기간이 만료된 때 행하는 정밀한 검사	5년마다
중간검사	정기검사와 정기검사 중간에 행하는 간이한 검사	1년 또는 2~3년마다
임시검사	검사받은 시설에 대하여 개조, 수리 또는 변경하고자 할 때 행하는 검사	개조, 수리 또는 변경 시
임시항해검사	선박검사증서를 받기 전에 선박을 임시로 항해에 사용할 때 행하는 검사	임시항해 시
협약검사	국제항해에 취항하고자 하는 선박에 대하여 국제협약에 따라 행하는 검사	정기, 중간검사 시기와 동일

3.2 선박 검사 종류

선박검사를 수행하는 주체에 따라 정부검사, 정부대행검사, 선급검사, PSC 검사 및 화주검사(Oil Major, CDI 및 Right Ship 등) 등으로 나눌 수 있고, 검사 관련 규정에 따라 국제협약검사, 정부법령검사, 선급(규칙)검사, 산업계 기준에 따른 검사 등으로 구분된다.

해사 산업계 기준은 국제표준 즉, ISO(International Standard Organization) 또는 IEC(International Electrotechnical Commission)을 수용하기도 하지만, 대체로 협약의 기준을 기본적으로 반영하고 안전한 화물 운송을 위한 별도의 규정을 추가로 요구하고 있다.

또한, 보험회사의 최초 가입 시 및 이후 정기적으로 행해지는 Entry Survey 및 Routine Condition Survey 관련 검사와 사고가 발생시에 사고의 원인 및 손해정도를 조사하는 Casualty Survey와 부수된 선박검사, 선박 금융의 조달 및 선박 매매 시 수행하는 검사로 이루어져 있다.

다만, 선박 금융 조달 등의 검사는 선박의 시장 가치를 판단하기 위한 검사로 선박자체의 상태 외에도 시장의 시황이 중요한 판단 요소로 작용하며, 선박 금융의 조달목적으로는 선박의 현상검사 없이 문서로만 판단하는 것이 일반적이다.

3.2.1 검사주체 별 검사 종류

1) 정부검사(Statutory Survey)

선박의 주관청(정부)이 제정한 법령에 따라 검사를 시행하고 증서를 발급하는 검사제도이며, 특히 대한민국에서 제정한 "선박안전법"과 같이 자국선대의 안전을 확보하기 위한 해당 법령 기준의 충족 여부를 확인하는 것이며, 선적국의 정부에서 행하는 검사로 주로 선급에 위탁하여 행하는 관계로 "정부대행검사"라 한다.

2) 선급검사(Class Survey)

선급이 선급규칙에 의거 검사를 시행하고 증서를 발급하는 제도이며, 선급은 임의로 가입할 수 있으나, 실제로 선급에 가입하지 않으면, 여러 불이익이 많으므로 거의 모든 국제항해에 종사하는 선박들은 선급에 가입되어 있다.

3) 협약검사(Convention & Statutory Survey)

SOLAS와 같은 국제협약의 기준에 맞는지를 검사하는 것으로, 선급에 위탁하여 행하는 정기검사(정부를 대신하여 선급에 위탁하여 검사를 수행하는 것이므로 정부검사의 일종임)와 입항할 때 임의로 행하는 PSC 검사가 있으며, 실무로는 선급에 위탁하여 행하는 정기 검사만을 협약검사라 한다.

〈그림 3-1〉 대한만국 항만국통제관 검사진행 모습

4) PSC Inspection(PSC 검사)

항만국이 자국의 관할 항만에 입항하는 외국적 선박을 대상으로 국제협약에서 정한 안전기준의 미달 여부를 점검하여 결함사항(Deficiency)이 발견된 선박에 대하여 출항정지(Detention) 등 필요한 조치를 위하는 검사제도를 말하며, 우리나라는 해양수산에서 주관하고 있다.

5) Oil Major 검사

Oil Major 검사는 전 세계 주요 석유회사가 선박의 소유자, 운항자, 관리자, 이해관계자를 대상으로 각종 국제 규정과 그들이 기대하는 요건의 만족 여부를 평가하기 위해 개발된 것으로, 메이저 검사는 SOLAS 협약, MARPOL 협약 등 국제협약을 기본으로 하고 ISGOTT(International Safety Guide for Oil Tankers and Terminals)와 같은 기술지침서의 내용을 또한 수용하고 있다.

6) CDI 검사(Chemical Distribution Institute)

케미컬 해상운송과 선박의 안전과 화물의 안정적인 운송을 담보하기 위한 검사를 담당하고 있는 비정부기구인 CDI(Chemical Distribution Institute)에서 담당하는 검사로 전 세계적으로 100여명의 검사관들이 활동하고 있으며, 국내에도 10여명 가량의 검사관들이 활동하고 있다. 오일메이저 업체들이 선박의 안전과 화물의 운송을 위하여 실시하고 있는 검사와 마찬가지로, 케미컬 업계 등에서도 CDI 검사관을 통해 안전을 확보하고 있다.

3.2.2 규정 별 검사종류

1) 국제협약(Convention)

(1) SOLAS(International Convention for the Safety of Life at Sea, 1974) 협약 검사
(2) MARPOL(International Convention for Prevention of Pollution from Ships, 1973, as modified by the Protocol of 1978 relating thereto) 협약 검사
(3) ICLL(International Convention on Load Line, 1966) 협약 검사
(4) IAFS(International Convention on the Control of Harmful Anti-Fouling Systems on Ships, 2001) 협약 검사

〈그림 3-2〉 Oil Major 검사진행 모습

(5) BWM(International Convention for the Control and Management of Ships'Ballast Water and Sediments, 2004) 협약 검사
(6) STCW(International Convention on Standards of Training, Certification and Watchkeeping for Seafarers, 1978) 협약 검사
(7) Tonnage(International Convention on Tonnage Measurement of Ships, 1969) 협약 검사
(8) MLC(Marine Labour Convention) 협약 심사
(9) SRC(Hong Kong International Convention for the Safe and Environmentally Sound Recycling of Ships, 2009) 협약 검사(2025년 6월 26일 발효예정)

2) 국제코드검사(Code)

(1) BWMS(Code for Approval of Ballast Water Management Systems) 코드 검사
(2) FSS(International Code for Fire Safety Systems) 코드 검사
(3) FTP(International Code for Application of Fire Test Procedures, 2010) 코드 검사
(4) HSC(International Code of Safety for High-Speed Craft, 2000) 코드 검사
(5) IBC(International Code for the Construction and Equipment of Ships Carrying Dangerous Chemicals in Bulk) 코드 검사
(6) IGC(International Code for the Construction and Equipment of Ships Carrying Liquefied Gases in Bulk) 코드 검사
(7) IGF(International Code of Safety for Ships using Gases or other Low-flashpoint Fuels) 코드 검사
(8) IMSBC(International Maritime Solid Bulk Cargoes) 코드 검사
(9) LSA(International Life-Saving Appliance Code) 코드 검사

(10) Noise(Code on Noise Levels on board Ships) 코드 검사
(11) NOx(Technical Code on Control of Emission of Nitrogen Oxides from Marine Diesel Engines) 코드 검사
(12) POLAR(International Code for Ships Operating in Polar Waters) 코드 검사
(13) SPS(Code of Safety for Special Purpose Ships) 코드 검사

3) 국제코드심사(Code)

(1) ISM(International Management Code for the Safe Operation of Ships and for Pollution Prevention) 코드 심사
(2) ISPS(International Code for the Security of Ships and of Port Facilities) 코드 심사

〈그림 3-3〉 한국해양교통안전공단(KOMSA) 선박선체 검사 모습

4) 선급규칙검사

(1) 제조중등록검사
(2) 제조후등록검사
(3) 연차검사
(4) 중간검사
(5) 정기검사
(6) 입거검사
(7) 프로펠러축 및 선미관축 등의 검사
(8) 보일러검사
(9) 기관장치의 계속검사
(10) 임시검사

〈그림 3-4〉 LNG선 탱크 검사모습

〈그림 3-5〉 선급검사 화물창 검사모습

3.3 국제협약 검사

협약검사는 SOLAS, MARPOL 및 ILL 등 협약에서 정하는 바에 따라 검사를 시행하고 규정에 적합한 경우 증서를 발급하는 제도로서 정부에서 직접 검사를 수행하는 경우 또는 정부대행기관에 검사를 대행하는 경우가 있다.

3.3.1 5LAS 협약

1) 구성

(1) Chapter I : General Provision

(2) Chapter II-1 : Construction-Subdivision and stability, machinery and electrical installations

(3) Chapter II-2 : Fire protection, fire detection and fire extinction
(4) Chapter III : Life saving appliances and arrangements
(5) Chapter IV : Radiocommunications
(6) Chapter V : Safety of navigation
(7) Chapter VI : Carriage of cargoes
(8) Chapter VII : Carriage of dangerous cargoes
(9) Chapter VIII : Nuclear ships
(10) Chapter IX : Management for the safe operation of ships
(11) Chapter X : Safety measures for high-speed craft
(12) Chapter XI I & II : Special measures to enhance maritime safety & security
(13) Chapter XII : Additional safety measures for bulk carriers

2) 일반사항

SOLAS 협약은 별도의 명문규정이 없는 한 국제항해에 종사하는 선박에 적용하고, 각 장의 규정이 적용되는 선박의 종류는 더욱 명확하게 정해지며, 이들 규정의 적용범위 또한 각 장에서 제시된다.

SOLAS 협약에서는 규정을 명확하게 적용하기 위해 사용되는 용어들의 정의가 제시되어 있으며, 이 협약이 적용되지 아니한 대상에 대하여도 명확하게 지정하고 있다. 협약의 적용대상 제외는 아래를 참조한다.

(1) 군함 및 군대수송선
(2) 총톤수 500톤 미만의 화물선
(3) 기계로 추진되지 아니하는 선박
(4) 원시적 구조의 목선
(5) 수송업에 종사하지 아니하는 유람요트

(6) 어선

또한, 상기 협약의 적용제외 대상을 제외하고 모든 국제항해에 종사하는 선박들은 SOLAS 협약을 만족하여야 하지만, 협약이 면제될 수 있는 여지를 두고 있으며, 아래와 같이 규정하고 있다.

(가) 단일의 국제 항해가 필요가 경우 주관청이 인정하는 안전요건을 따르는 조건으로 면제 가능

(나) 새로운 종류의 특징을 가지고 있는 선박에 대하여 그들 특징적 발전에 대한 연구들이 국제항해에 종사하는 선박으로의 편입에 현저히 저해될 수 있는 규칙 II-1장, II-2장, III장 및 IV장의 규정은 면제가 가능하지만, 그러한 선박의 주관청의 지시에 따라야 하고, 그 의도하는 항해에 적합하고 선박의 전반적 안전을 보증할 수 있다고 주관청이 판단하여야 하고, 그러한 선박이 향하는 국가의 정부도 이러한 주관청의 판단을 받아들일 수 있는 안전요건에 적합하여야 한다.

3) 선박설비 사항

기본적으로 선박에 설치되는 설비들은 협약에서 요구하는 사항에 만족하여야 하여야 하지만, 협약 이외의 다른 부착물 또는 다른 형식의 부착물, 재료, 기구, 및 장치들이 본 규칙이 요구하는 것과 적어도 동일한 실효성을 가진 시험, 기타의 방법에 의하여 인정될 경우 주관청은 이 시설을 인정 가능하지만, 이 경우 부착물, 재료, 기구 혹은 장치에 대한 시험 보고서와 함께 기구에 보고하여야 한다.

4) 점검 및 검사 사항

선박의 협약검사는 주관청 직원이 직접 수행하는 것이 원칙이나. 주관청은 이 검사를 위해 주관청이 인정하는 단체에 검사대행을 위탁할 수 있으며, 그러한 단체는 검사원을 지명하고 검사를 수행할 수 있다. 그러한 단체는 RO Code에 적합하여야

한다. 지명된 검사원 또는 인정된 단체는 선박 또는 그 설비의 상태가 실질적으로 증서의 기재 사항과 일치하지 아니하거나 또는 선박 또는 승선자에 대한 위험 없이 선박이 항행하기에 적합 하지 아니하다고 인정하는 경우, 그러한 검사원 및 단체는 시정조치가 신속히 조치되도록 하여야 하고, 정식으로 주관청에 통보하여야 한다.

시정조치가 취하여 지지 아니할 경우 당해 증서는 회수하여야 하며 신속히 주관청에 통보하여야 하며, 선박이 다른 당사국의 항구에 있을 경우, 기항국의 관련 당국에도 또한 신속히 통보하여야 한다.

주관청의 직원, 지명된 검사원 또는 인정된 단체가 기항국의 관련 당국에 통보하는 경우에 당해 기항국의 정부는 이들의 직원, 검사원 또는 단체에 대하여 이 규칙에 의한 의무의 수행에 필요한 지원을 제공하여야 한다.

필요에 따라 당해 기항국의 정부는 그 선박이 선박 또는 승선자에 대한 위험 없이 항행할 수 있을 때까지 또는 적당한 수리 조선소를 향하여 항해할 목적으로 출항할 수 있게 될 때까지 당해 선박을 출항시키지 아니하여야 한다.

주관청은 모든 경우에 있어서 검사의 완전성과 유효성을 충분히 보장하고 이 의무가 이행 되도록 필요한 조치를 취하여야 한다.

(1) 대한민국 정부 선박검사관 자격요건(선박안전법 시행규칙 97조)

1. 선체검사관

가. 다음의 요건을 모두 갖춘 사람

1) 대학에서 항해 관련 학과를 졸업한 사람 또는 법령에 따라 이와 같은 수준 이상의 학력이 있다고 인정되는 사람

2) 3급 항해사(항해사면허가 한정면허인 경우에는 상선에 한정된 면허를 말한다. 이하 이 조에서 같다)의 해기사면허를 취득한 후 관련 분야에서 2년 이상 근무한 경력(승선경력을 산정할 때에는 유급휴가기간을 포함한다. 이하 같다)이 있는 사람

나. 다음의 요건을 모두 갖춘 사람

1) 대학이나 해양 · 수산 계열의 전문대학을 졸업한 사람 또는 법령에 따라 이와 같은 수준 이상의 학력이 있다고 인정되는 사람

2) 2급 항해사 이상의 해기사면허를 취득한 사람

다. 다음의 요건을 모두 갖춘 사람

1) 대학이나 전문대학을 졸업한 사람 또는 법령에 따라 이와 같은 수준 이상의 학력이 있다고 인정되는 사람

2) 다음의 어느 하나에 해당하는 사람

가) 「국가기술자격법 시행규칙」에 따른 조선기술사의 자격을 취득한 사람

나) 「국가기술자격법 시행규칙」에 따른 조선기사의 자격을 취득한 후 관련 분야에서 3년 이상 근무한 경력이 있는 사람

다) 「국가기술자격법 시행규칙」에 따른 조선산업기사의 자격을 취득한 후 관련 분야에서 6년 이상 근무한 경력이 있는 사람

라. 다음의 요건을 모두 갖춘 사람

1) 전문대학을 졸업한 사람 또는 법령에 따라 이와 같은 수준 이상의 학력이 있다고 인정되는 사람

2) 2급 항해사 이상의 해기사면허를 취득한 후 관련 분야에서 3년 이상 근무한 경력이 있는 사람

2. 기관검사관

가. 다음의 요건을 모두 갖춘 사람

1) 대학에서 기관 관련 학과를 졸업한 사람 또는 법령에 따라 이와 같은 수준 이상의 학력이 있다고 인정되는 사람

2) 3급 기관사의 해기사면허를 취득한 후 관련 분야에서 2년 이상 근무한 경력이 있는 사람

나. 다음의 요건을 모두 갖춘 사람

1) 대학이나 해양·수산계열의 전문대학을 졸업한 사람 또는 법령에 따라 이와 같은 수준 이상의 학력이 있다고 인정되는 사람

2) 2급 기관사 이상의 해기사면허를 취득한 사람

다. 다음의 요건을 모두 갖춘 사람

1) 대학이나 전문대학을 졸업한 사람 또는 법령에 따라 이와 같은 수준 이상의 학력이 있다고 인정되는 사람

2) 다음의 어느 하나에 해당하는 사람

가) 「국가기술자격법 시행규칙」에 따른 기계기술사, 산업기계설비기술사 또는 조선기술사의 자격을 취득한 사람

나) 「국가기술자격법 시행규칙」에 따른 일반기계기사의 자격을 취득한 후 관련 분야에서 3년 이상 근무한 경력이 있는 사람

라. 다음의 요건을 모두 갖춘 사람

1) 전문대학을 졸업한 사람 또는 법령에 따라 이와 같은 수준 이상의 학력이 있다고 인정되는 사람

2) 2급 기관사 이상의 해기사면허를 취득한 후 관련 분야에서 3년 이상 근무한 경력이 있는 사람

** 검사관은 7급 이상의 해양수산부 소속 공무원 중 제1항의 자격을 가진 자 중에서 해양수산부장관이 임명한다.

(2) 정부대행 선박검사원 자격요건(선박안전법 시행규칙 97조의 2)

1. 선체검사원

가. 대학의 해양계 · 수산계 · 조선 관련 학과를 졸업한 후 또는 법령에 따라 이와 같은 수준의 학력을 갖춘 후 관련 분야에서 2년 이상 근무한 경력이 있는 사람

나. 전문대학의 해양계 · 수산계 · 조선 관련 학과를 졸업한 후 또는 법령에 따라 이와 같은 수준의 학력을 갖춘 후 관련 분야에서 4년 이상 근무한 경력이 있는 사람

다. 대학 또는 전문대학의 해양계 · 수산계 · 조선 관련 학과를 졸업한 후 또는 법령에 따라 이와 같은 수준의 학력을 갖춘 후 1년 이상의 대행검사기관의 수습 경력이 있는 사람

라. 선박검사관으로서 경력이 있는 사람

마. 다음의 어느 하나에 해당하는 사람

1) 3급항해사 이상의 해기사면허를 취득한 후 관련 분야에서 3년 이상 근무한 경력이 있는 사람

2) 「국가기술자격법 시행규칙」에 따른 조선기술사의 자격을 취득한 사람

3) 「국가기술자격법 시행규칙」에 따른 조선기사의 자격을 취득한 후 관련 분야에서 3년 이상 근무한 경력이 있는 사람

4) 「국가기술자격법 시행규칙」에 따른 조선산업기사의 자격을 취득한 후 관련 분야에서 6년 이상 근무한 경력이 있는 사람

2. 기관(機關)검사원

가. 대학의 기관·기계 관련 학과를 졸업한 후 또는 법령에 따라 이와 같은 수준의 학력을 갖춘 후 관련 분야에서 2년 이상 근무한 경력이 있는 사람

나. 전문대학의 기관·기계 관련 학과를 졸업한 후 또는 법령에 따라 이와 같은 수준의 학력을 갖춘 후 관련 분야에서 4년 이상 근무한 경력이 있는 사람

다. 대학 또는 전문대학의 기관·기계관련 학과를 졸업한 후 또는 법령에 따라 이와 같은 수준의 학력을 갖춘 후 1년 이상의 대행검사기관의 수습 경력이 있는 사람

라. 선박검사관으로서 경력이 있는 사람

마. 다음의 어느 하나에 해당하는 사람

1) 3급기관사 이상의 해기사면허를 취득한 후 관련 분야에서 3년 이상 근무한 경력이 있는 사람

2)「국가기술자격법 시행규칙」에 따른 기계기술사, 산업기계설비기술사 또는 조선기술사의 자격을 취득한 사람

3)「국가기술자격법 시행규칙」에 따른 일반기계기사의 자격을 취득한 후 관련 분야에서 3년 이상 근무한 경력이 있는 자

3. 전문검사원

가. 대학 또는 전문대학의 금속, 전기·전자, 통신, 생물, 환경, 화학, 화공, 물리 또는 해양학 관련 학과를 졸업한 후 또는 법령에 따라 이와 같은 수준의 학력을 갖춘 후 다음의 구분에 따른 기간 동안 관련 분야에서 근무한 경력이 있는 사람

1) 대학의 관련 학과를 졸업하였거나 법령에 따라 이와 같은 수준의 학력을 갖춘 경우: 2년 이상

2)전문대학의 관련 학과를 졸업하였거나 법령에 따라 이와 같은 수준의 학력을 갖춘 경우: 4년 이상

나. 대학 또는 전문대학의 금속, 전기·전자, 통신, 생물, 환경, 화학, 화공, 물리 또는 해양학 관련 학과를 졸업한 후 또는 법령에 따라 이와 같은 수준의 학력을 갖춘 후 1년 이상 대행검사기관의 수습 경력이 있는 사람

*** 공단 또는 선급법인은 외국에서 선박검사업무를 시행하기 위하여 필요하다고 인정하는 경우에는 다음 각 호의 어느 하나에 해당하는 사람에게 선박검사업무를 시행하게 할 수 있다.

1. 국제선급연합회의 정회원인 선급 검사원
2. 제1항에 따른 검사원 자격이 있는 사람

3. 공단 및 선급법인은 검사원 중 제1항 또는 제2항의 자격을 가진 사람을 선임한 경우에는 해양수산부장관에게 선임보고를 하여야 한다.

5) 증서 발급

(1) SOLAS 협약 제2-1장, 2-2장, 3장 및 4장의 관련 요건과 기타 이 규칙의 관련요건에 따르는 여객선에 대하여 최초검사 또는 정기검사 후에"여객선안전증서"를 발급한다.

(2) SOLAS 협약 제2-1장과 제2-2장(화재안전장치와 설비 및 화재제어도에 관계되는 요건은 제외)의 관련요건과 기타 이 규칙의 관련요건에 따르는 화물선에 대하여 최초검사 또는 정기검사 후"화물선안전구조증서"를 발급한다.

(3) SOLAS 협약 제2-1장과 제2-2장, 제3장 및 제5장의 관련 요건과 기타 이 규칙의 관련 요건에 따르는 최초검사 또는 정기검사 후"화물선안전설비증서"를 발급한다.

(4) SOLAS 협약 제4장의 관련요건 및 기타 이 규칙의 관련 요건에 따르는 화물선에 대하여는 최초검사 또는 정기검사 후"화물선안전무선증서"를 발급한다.

3.3.2 MARPOL 협약

1) 구성

(1) Annex I : Regulations for the Prevention of Pollution by Oil

(2) Annex II : Regulations for the Control opf Pollution by Noxious Liquid Substances in Bulk

(3) Annex III : Prevention of Pollution by Harmful Substances Carried by Sea in Packaged Form

(4) Annex IV : Prevention of Pollution by Sewage from Ships

(5) Annex V : Prevention of Pollution by Garbage from Ships

(6) Annex VI : Prevention of Air Pollution from Ships

2) 일반사항

MARPOL 협약은 총 6개의 부속서로 구성되어 있고, 각각의 부속서는 별개의 협약 단위(협약 발효 시기와 적용 대상 선박이 상이함)로 보아야 하며, 각각의 부속서별 채택일 및 발효일이 상이하고, 검사규정도 차이점이 있다.

3) MARPOL협약 부속서 별 검사 내용

(1) 제 I 부속서

총 톤수 150톤 이상의 모든 유탱커 및 총 톤수 400톤 이상의 유탱커 이외의 모든 선박은 다음에 규정된 검사를 받아야 한다.

증서가 최초로 발행되기 전의 최초검사, 이 검사는 검사를 받은 선박에 대하여 이 부속서가 적용되는 범위에서, 당해 선박의 구조, 설비, 장치, 부착물, 배치 및 재료에 대한 완전한 검사를 포함하여야 하며, 이 검사는 구조, 설비, 장치, 부착물, 배치 및 재료가 이 부속서의 적용요건에 완전히 합치하고 있음을 확인하는 것이어야 한다.

주관청이 5년을 초과하지 아니하는 간격으로 규정한 정기검사는 구조, 설비, 장치, 부착물, 배치 및 재료가 이 부속서의 적용요건에 완전히 따르고 있음을 확인하는 것이어야 함

"국제기름오염방지증서"의 2번째 연차일 전후 3개월 이내, 또는 3번째 연차일 전후 3개월 이내에 행하는 중간검사. 이 검사는 연차검사 중의 하나를 대신할 수 있다.

중간검사는 기름배출감시제어장치, 원유세정설비, 유수분리장치 및 기름필터링장치를 포함한 설비와 이와 관련된 펌프 및 관장치가 이 부속서의 적용요건에 완전히 적합하고 양호한 작동상태에 있음을 확인하는 것이어야 한다. 이 중간검사는 증서에 이서되어야 함

국제기름오염방지증서의 매 연차일 전후 3개월 이내에 행하는 연차검사. 이 검사는 구조, 설비, 장치, 부착물, 배치 및 재료의 일반적인 검사를 포함하는 것으로 이러한 연차검사는 발행되는 증서에 이서되어야 한다.

(2) 제 II 부속서

이 부속서의 규칙 규정에도 불구하고, 국제산적화학물코드(IBC Code) 또는 산적화학물코드(BC Code)의 규정에 따라 당사국이 검사하고 증서를 발행한 케미칼 탱커는 언급된 규칙의 규정에 적합한 것으로 간주할 수 있다.

선박이 항해에 사용되기 전, 증서가 최초로 발행되기 전에 행하는 최초검사. 이 검사는 검사를 받는 선박에 대하여 이 부속서가 적용되는 범위에서 당해선박의 구조, 설비, 장치, 부착물, 배치 및 재료에 대한 완전한 검사를 포함하여야 하며, 이 검사는 구조, 설비, 장치, 부착물, 배관 및 재료가 이 부속서의 관련요건에 완전히 만족하고 있는 것을 확인하여야 한다.

주관청이 5년을 초과하지 아니하는 간격으로 규정한 정기검사 수행 및 정기검사는 구조, 설비, 장치, 부착물, 배치 및 재료가 이 부속서의 적용요건에 완전히 따르고 있음을 확인하여야 한다.

유해액체물질의 산적운송을 위한"국제오염방지증서"의 2번째 연차일 전후 또는 3번째 연차일 전후 3개월 이내에 행하는 중간검사, 이 검사는 연차검사 중의 하나를 대신하며, 중간검사는 설비와 이와 관련된 펌프 및 관장치가 이 부속서의 적용요건에 완전히 적합하고 양호한 작동상태에 있음을 확인하여야 한다. 이 중간검사는 증서에 이서되어야 한다.

유해액체물질의 산적운송을 위한"국제오염방지증서"의 매 연차일 전후 3개월 내에 연차검사를 시행하여야 한다. 이 검사는 구조, 설비, 장치, 부착물, 배관 및 재료의 일반적인 검사를 포함하는 것으로 선박의 용도를 위해 만족하게 유지되는 것을 확인하기 위한 것이며, 이러한 연차검사는 증서에 이서되어야 한다.

규정된 검사의 결과에 따른 수리 후 또는 어떠한 중대한 수리나 신환이 있을 때마다 상황에 따라 전반적 또는 부분적으로 추가검사를 시행하여야 한다. 이 검사는 필요한 수리 또는 신환이 효과적으로 완료되었음을 증명하고, 그러한 수리 또는 신환된 재료 및 시공이 모든 점에서 만족한 것이며 그 선박이 모든 협약 부속서 요건에 적합함을 확인하여야 한다.

(3) 제 III 부속서

별도의 명문규정이 없는 한 이 부속서의 규칙은 포장된 형태로 유해물질을 운송하는 모든 선박에 적용하여야 한다.

이 부속서의 규정에 따르는 경우를 제외하고 유해물질의 운송은 금지된다.

이 협약 당사 국가는 이 부속서의 규정을 보충하기 위하여, 유해물질[47]에 의한 해양환경의 오염을 방지하거나 최소로 하기 위하여 필요한 포장, 표시 및 표찰, 서류, 적부, 적재중량제한 그리고 적용제외에 관한 상세한 요건을 규정하거나 또는 규정하도록 하여야 한다.

이 부속서의 적용 상 유해액체물질의 운송을 위하여 이미 사용된 빈 용기는 해양환경에 위험을 미치는 잔류물이 담겨있지 아니하다는 것을 확인하는 적절한 조치가 취하여 질 때까지 유해물질로 간주하여야 한다. 이 부속서의 규정은 선박용품 및 선박의장품에는 적용되지 아니한다.

---

47) 결의서 Res.MSC.122(75)로 채택된 IMDG Code 참조할 것

(4) 제 IV 부속서

이 부속서의 규정은 국제항해에 종사하는 다음의 선박에 적용한다.

(가) 총톤수 400톤 이상의 신조선

(나) 15인을 초과하는 사람의 탑재가 보증된 총톤수 400톤 미만의 신조선

(다) 이 부속서의 발효일로부터 5년 후에 있어서는 총톤수 400톤 이상의 현존선

(라) 이 부속서의 발효일로부터 5년 후에 있어서는 15인을 초과하는 사람의 탑재가 보증된 총톤수 400톤 미만의 현존선

이 부속서의 규정에 따를 것이 요구되는 모든 선박은 다음에 정하는 검사를 받아야 한다.

(가) 선박이 항행에 사용되기 전 또는 이 부속서 규칙에 의하여 요구되는 증서가 최초로 발급되기 전의 최초검사는 선박이 이 부속서에서 요구되는 구조, 설비, 장치, 부속품, 배치 및 재료에 대한 완성 검사를 포함하여야 하며, 이 검사는 구조, 설비, 장치, 부속품, 배치 및 재료가 이 부속서의 적용 요건에 완전히 합치하고 있는 것을 확인하여야 한다.

(나) 5년을 넘지 아니하는 범위에서 주관청이 정하는 기간마다 행하는 정기검사, 이 검사는 구조, 설비, 장치, 부착물, 배치 및 재료가 이 부속서의 적용요건에 완전히 합치하고 있는 것을 확인하여야 한다.

(다) 주관청은 이 규칙에 적용되지 아니하는 선박에 대하여 이 부속서의 규정에 합치함을 확보하기 위한 적절한 조치를 취하여야 한다.

(5) 제 V 부속서

플래카드, 폐기물 관리 계획 및 폐기물 기록부를 유지하여야 한다.

(가) 플래카드는 전장 12미터 이상의 모든 선박과 고정식 또는 부유식 플래트폼 및 극지운항선박 코드 Part II-A/5.2 규칙을 승무원과 여객에게 고지하는 플래카드를 적용 가능한 한 비치하여야 한다. 플래카드는 선내 인원의 통용어로 작성되어야 하며, 협약의 타 당사국 영해 내에 있는 항구 또는 해상터미널의 항해에 종사하는 선박에 대하여는 영어, 불어 또는 스페인어로 작성되어야 한다.

(나) 폐기물 관리 계획서는 총 톤수 100톤 이상의 모든 선박과 승선인원 15인 이상의 정원을 가진 모든 선박과 고정식 또는 부유식 플래트폼은 선원이 실행할 수 있는 폐기물 관리계획을 비치하여야 하고, 이 계획은 선상 장비의 사용 방법을 포함하여 쓰레기의 최소화, 수집, 저장, 처리 및 처분을 위한 문서화된 절차를 제공하여야 할 뿐만 아니라 이 계획을 수행할 수 있는 책임자를 임명하여야 한다. 또한 이러한 계획은 기구에서 개발한 지침에 근거하여야 하며 선원이 사용하는 언어로 기록되어야 한다.

(다) 폐기물 기록부는 총톤수 400톤 이상의 모든 선박과 협약의 타 당사국의 영해 내에 있는 항구 또는 해상 터미널의 항해에 종사하는 승선인원 15인 이상의 정원을 가진 모든 선박과 고정식 또는 부유식 플래트폼은 폐기물 기록부를 비치하여야 한다. 폐기물 기록부는 본선의 공식 항해 일지의 일부 또는 기구에서 개발한 지침을 고려하여 주관청이 승인한 전자기록부 또는 다른 형태의 기록부도 사용될 수 있으나 어떠한 경우에도 이 부속서의 부록 II에서 명시하는 양식으로 작성되어야 한다.

(6) 제 VI 부속서

총 톤수 400톤 이상의 모든 선박 그리고 모든 고정식 및 부유식 시추선 또는 기타 플랫폼들은 제3장"선박으로부터의 배출 통제를 위한 규정"에 적합함을 확인하기 위해 다음의 검사를 받아야 한다.

(가) 최초검사는 선박이 운항하기 전 또는 증서가 최초로 발행되기 전에 받아야 하며, 이 검사는 이 부속서의 설비, 장치, 부착물, 배치 및 재료가 제3장"선박으로부터의 배출 통제를 위한 규정"의 적용규정을 충분히 만족함을 확인하여야 한다.

(나) 주관청이 정한 정기검사의 기간은 5년을 넘지 않는 간격으로 하며, 정기검사는 설비, 장치, 부착물, 배치 및 재료가 규정을 충분히 만족하는 것을 확인하여야 한다.

(다) 중간검사는 국제대기오염방지증서의 2번째 연차일 전후 3개월 이내, 또는 3번째 연차일 전후 3개월 이내 한번 실시되며, 이 중간검사는 연차검사 중 하나를 대체하며, 중간검사는 설비 및 배치가 적용요건에 완전히 적합하고 양호한 작동 상태에 있음을 확인하는 것이며, 이 중간검사는 이 부속서의 IAPP 증서에 이서되어야 한다.

(라) 연차검사는 증서의 매 연차일 전후 3개월 이내에 실시되며, 이 검사는 설비, 장치, 부착물, 배치 및 재료의 일반적인 검사를 포함하는 것으로 이들이 정비되고 선박의 용도에 만족하게 유지되는 것을 확인하기 위한 것이며, 연차검사는 이 부속서 IAPP 증서에 이서되어야 한다.

3.3.3 국제협약검사 종류

1) 국제협약검사 종류

(1) 최초검사(Initial Survey)

선박 건조가 완료된 후 최초로 선박이 정상적인 운항하기 위해 최초로 발급하는 증서로 향후 최초검사를 통해 발행된 증서 날짜를 기준으로 연차 검사, 중간 검사 및 정기검사가 이루어진다.

(2) 연차검사(Annual Survey)

최초 검사 또는 정기검사 이후 매년마다 선박의 감항성과 안전을 점검하기 위해 시행하는 검사를 말한다.

(3) 중간검사(Intermediate Survey)

최초 검사 또는 정기검사 이후 2번째 또는 3번째 연차 일의 전후 3개월 이내에 시행하는 검사를 말한다.

(4) 정기적검사(Periodical Survey)

"Cargo ship safety equipment certificate(SE)"인 경우에는 두 번째 또는 세 번째 검사기준일의 전후 3개월에 시행하여야 하고,"Cargo ship safety radio certificate(SR)"인 경우에는 매년 검사기준일의 전후 3개월 이내에 시행하여야 한다.

(5) 정기검사(Renewal Survey)

선박이 최초로 항해하기 위한 상태와 동등 수준임을 확인하기 위함이며, 선박검사증서의 유효기간이 만료한 때에 선박시설과 만재흘수선에 대하여 다시 받아야 하는 검사로서, 합격선박에 대하여 각각 항해구역과 최대승선인원 및 만재흘수선의 위치 등을 지정하게 된다.

2) 증서 별 선박검사 종류

〈표 3-4〉 협약 별 검사 종류(1-2)

검사종류	PS	SR	SE	SC	ILL	IOPP	NLS	IBC	BCH	IGC	GC	ISPP
Initial	x	x	x	x	x	x	x	x	x	x	x	x
Annual	-	-	x	x	x	x	x	x	x	x	x	-
Periodical	-	x	x	-	-	-	-	-	-	-	-	-
Intermedi-ate	-	-	-	x		x	x	x	x	x	x	-
Renewal	x	x	x	x	x	x	x	x	x	x	x	x

〈표 3-5〉 협약 별 검사 종류(2-2)

검사종류	IGPP	IAPP	BAPP	IEE	MODU	IMSBC	CDG	ILO	HSC	IAFS	IBWM	II HM	MLC
Initial	x	x	x	x	x	x	x	x	x	x	x	x	x
Annual	-	x	-	-	x	-	-	-	-	-	x	-	-
Periodical	-	-	-	-	-	-	-	-	x	-	-	-	-
Intermedi-ate	-	x	-	-	x	-	-	x	-	-	x	-	-
Renewal	x	x	-	-	x	x	x	x	x	-	x	x	-

(1) PS : SOLAS 협약의“여객선 안전증서”

(2) SR : SOLAS 협약의“화물선안전무선증서”

(3) SE : SOLAS 협약의“화물선안전설비증서”

(4) SC : SOLAS 협약의“화물선안전구조증서”

(5) ILL : 국제만재흘수선협약의“국제만재흘수선증서”

(6) IOPP : MARPOL 협약 부속서 I의“국제선박오염방지증서”

(7) NLS : MARPOL 협약 부속서 II의“국제선박유해물질오염방지증서”

(8) IBC : IBC Code의“국제 위험화학품 산적운송 적합증서”

(9) IGC : IGC Code의“국제 가스 산적운송 적합증서”

(10) ISPP : MARPOL 협약 부속서 IV의“국제선박오수방지증서”

(11) IGPP : MARPOL 협약 부속서 V의“국제선박폐기물방지증서”

(12) IAPP : MARPOL 협약 부속서 VI의“국제선박대기오염방지증서”

(13) EIAPP : MARPOL 협약 부속서 VI의“국제엔진대기오염방지증서”

(14) IEE : MARPOL 협약 부속서 VI의“국제에너지효율증서”

(15) IMSBC : IMSBC Code의“국제 고체화물 산적운송 적합증서”

(16) CDG : SOLAS 협약의“국제 위험물 운송 적합증서”

(17) HSC : SOLAS 협약의“국제 고속선 안전증서”

(18) IAFS : AFS협약의“국제방오도료적합증서”

(19) IBWM : BWM협약의“국제선박평형수관리적합증서”

(20) IIHM : HKC협약의“국제선박유해물질관리적합증서”

3.4 선급검사제도

3.4.1 일반사항

최초의 선급은 1760년 영국에서 설립된 Lloyd's Register(LR)라는 선급이며 처음에는 보험목적으로 선박의 종류, 항해구역, 적재화물의 조건 등에 따라 선박의 상태에 대해 등급을 정해주기 위해 설립되었으나, 현재는 선박의 최초 설계부터 건조 완료까지 선체 구조에 대한 도면 승인과 검사 등을 수행하여 배가 안전하게 제작될 수 있도록 승인을 해 주는 업무를 한다.

선급의 업무는 크게 신조 검사, 기자재 검사, 현존선 검사로 나뉘며 한국 정부을 포함한 다른 국가로부터 선박검사권을 위임 받아 검사 및 증서 발행을 진행하게 된다. 제3자의 입장에서 이 배가 안전하게 제작될 수 있는지 검토, 검사를 진행하므로 공정한 검사 결과를 기대할 수 있다.

화물의 물동량을 고려하면 많은 화물을 적재하기 위해 선박의 크기는 점점 대형화로 건조되는 추세이며, 이에 따른 대형사고의 가능성이 높아지고 선박 사고가 단순히 인명과 재산 손해에 그치는 게 아니라 기름 유출 등으로 인한 엄청난 환경오염이 발생될 수 있어 더욱더 선급의 역할이 중요하다고 볼 수 있다.

선급은 전 세계 60여 개의 단체가 있으며 선급별로 각각의 자체 규칙(Rule)이 있어 그 규칙을 기준으로 검사를 진행하게 된다. 규모와 신뢰도 부분에서 국제적으로 인정받는 12개 메이저 선급 단체가 국제선급연합회(IACS, International Association of Classification Society)를 구성하고 있으며 해당 선급은 〈표 3-6〉을 참조한다.

〈표 3-6〉 IACS 회원 선급

Name	Abbreviation	Formed	Head office
Lloyd's Register	LR	1760	London
Bureau Veritas	BV	1828	Paris
Croatian Register of Shipping/Austrian Veritas (Hrvatski Registar Brodova)	CRS	1858/1949	Split
Registro Italiano navale	RINA	1861	Genoa
American Bureau of shipping	ABS	1862	Houston
DNV GL	DNV GL	1864	Oslo
Nippon Kaiji Kyokal(ClassNK)	NKK	1899	Tokyo
Russian Maritime Register of Shipping (Ростийский мморской регистр судоходства)	RS	1913	Saint Petersburg
Polish Register of Shipping (Polski Rejestr Statków)	PRS	1936	Gdansk
China Classification society	CCS	1956	Beijing
Korean Register of Shipping	KR	1960	Busan
Indian Register of Shipping	IR CLASS	1975	Mumbal

선급검사는 선급의 자체 규칙, 즉"선급 및 강선규칙"의 규정에 의거 검사하고 만족할 경우 선급에 등록하게 되며 정기적인 검사를 통하여 선급을 유지하게 된다. 선급검사는 선체, 기관, 전기, 배수설비 등에 주력하는 규칙이다.

1) 선급검사와 정부검사

국제적으로 IMO에서는 선박 및 인명의 안전과 해양환경의 보호를 위하여 여러 가지 협약을 제정하고 발효시키게 되며, IMO 회원국인 각국 정부는 이들 협약을 비준하고 국내법으로 수용하게 된다.

국내법에서도 대한민국이 비준한 국제협약은 국내법과 동일한 효력을 가지도록 하고 있다. 국제협약검사는 협약의 규정에 의거 주관청에서 실시하는 검사이며, 정부검사는 협약의 내용을 수용한 국내법으로 주관청이 실시하는 검사이다.

국제항해에 종사하는 선박은 국내법이 국제협약과 동일한 내용이라 하여도 국내법에서 정하는 증서만 소지하고 국제협약에 의한 증서를 소지하지 아니하는 경우에는 외국항의 PSC에서 제재를 받게 된다. 따라서 국제협약검사나 정부검사는 주관청이 동일한 내용의 검사를 한번만 하고 증서는 정부에서 정하는 증서와 국제협약증서를 동시에 발급하게 된다.

2) 선급의 정부대행검사

정부대행이란 선급이 정부의 업무를 대행한다는 것을 의미한다. 이를 위해 선급은 해당 정부와 계약을 맺고 업무를 수행하는데 이 업무에는 정부법령과 공통되는 선체, 기관, 전기설비, 배수설비 외에 구명, 소화, 위생 및 거주설비에 대하여 검사하고 증서를 발급하게 된다. 따라서 선급은 선급유지에 필요한 증서의 발급 이외에 정부법령에 의한 선박검사증서와 같은 정부증서의 발급 그리고 국제협약증서의 발급업무를 수행하게 된다.

선박에 대한 검사 및 증서발급은 주관청이 수행하는 것이 원칙이지만, 주관청은 이들 업무를 선급과 계약에 의해 선급이 대행하게 하고 있다.

선급이 수행하는 정부대행검사는 해당 정부의 관련법과 국제협약에 따른 검사 및 증서발급을 말하며, 도면 등 자료의 심의 및 승인을 포함하고 있다. 선급은 각국 정부와의 계약에 의하여 해당 정부의 관련법과 국제협약에 따른 검사 및 증서발급을 하게 되는데 이때 사용하는 계약서는 대부분"MSC/Circ.710(Model Agreement for the authorization of Recognized Organization Acting on behalf of the Administration"의 표준양식에 따르게 된다. 한편, 정부에서 선급에 정부의 업무를 위임하는 경우 해당 선급의 능력을 평가하여야 하며 평가시에는 IMO에서 제정한 Resolution A.739(18) 및 Resolution A.789(19)에 따라 평가한다.

3.4.2 선급등록검사

1) 제조중등록검사(Survey During Construction)

제조중등록검사를 받고자 하는 선박은 선체, 기관, 의장 및 비품의 구조, 재료, 치수 및 공작 등에 관하여 제조과정 시에 규정에 정하는 바에 따라 정밀한 검사를 받아야 하며 해당 규정에 적합하여야 한다. 제조중등록검사에 포함되는 검사 및 승인 업무는 아래와 같다.

(1) 도면승인(Drawing Approval)

제조중등록검사를 받고자 하는 선박은 건조 착수 전 해당 규정에 정하는 바에 따라 선체, 기관, 의장 및 비품의 구조, 치수, 재질 및 요목을 명기한 도면 및 서류를 제출하여 승인을 받아야 한다.

(2) 재료 및 의장품(Material and Equipment)

제조중등록검사를 받고자 하는 선박에 사용하는 모든 재료는 승인된 제조법 또는 이와 동등하다고 인정되는 과정에 의하여 제조된 것으로서 해당 규정에 적합한 것이어야 한다. 사용된 의장품 또는 재료의 확인을 위하여 선급은 재료 또는 의장품 증서 등 필요한 자료를 요구할 수 있다.

(3) 기관장치 등(Machinery)

선급에 등록하고자 하는 선박에 설치할 주기관, 축계, 보일러, 압력용기, 전기설비, 중요한 용도에 사용되는 보기 및 관장치는 제조검사를 받아야 한다. 제작 완성 후에는 선박에 설치되는 조건 또는 가능한 한 그와 가까운 상태 하에서 육상시운전을 하여야 한다. 또한 자동(또는 원격)제어장치 및 계측장치 중 선급이 필요하다고 인정하는 것에 대하여는 제조공장에서 별도의 시험을 요구할 수 있다.

(4) 공작

제조중등록검사에 있어서는 건조 착수 시부터 완성될 때까지 기계의 운전상태에 있어서의 최종시험이 끝날 때까지 재료, 공작 및 배치에 대하여 선급 검사원의 입회하에 검사를 받아야 한다. 규칙 또는 승인된 도면에 부적합한 사항이 발견되거나 재료, 공작 및 배치에 불만족한 점이 발견될 경우에는 이를 시정 조치하여야 한다.

(5) 제반시험(Test and Examination)

제조중등록검사에 있어서는 해당 규정에 정하는 바에 따라 수압시험, 수밀시험 및 효력시험을 한다. 또한 제어장치 및 계측장치는 선내에 설치한 후 선급이 필요하다고 인정하는 시험을 하여야 한다.

(6) 복원성시험(Stability Experiment)

(가) 복원성시험을 실시하고 그 결과에 근거하여 운항하고자 하는 항해구역에 적합한 완성복원성자료를 작성하여 선급의 승인을 받은 후 선장에게 제공하여야한다. 다만, 일정기간에 한하여 선급의 승인을 받은 임시복원성자료로 대체 제공할 수 있다.

(나) 상기(가)항에 의한 복원성자료의 보조수단으로서 복원성계산 기능을 갖는 복원성 적하지침기기가 설치되는 경우 대표적인 운항상태에 대한 계산결과를 제출하여 승인을 받아야 하며, 동 복원성적하지침기기는 비손상, 손상 및 곡류적재

복원성 등 해당 선박에 적용되는 모든 복원성 관련규정을 계산할 수 있어야 한다. 다만, 복원성자료가 그 선박에서 발생할 수 있는 충분한 적하 상태를 반영하고 있는 경우 일부 기능을 생략할 수 있다. 또한 본선 설치 후에는 승인된 계산 결과에 따라 선급검사원 입회하에 확인을 받아야 한다.

(7) 시운전(Sea Trial)

최종 선박 건조 완료된 후에는 선박의 모든 설비, 기계 및 전기설비에 대하여 운전상태 하에서 시운전을 실시하고 그 성능을 확인한다. 해상 시운전에 있어서는 속력시험, 후진시험, 조타시험, 비상조타시험, 선회력시험 및 기관의 작동상태와 운전중에 있어서의 선박의 상태를 검사한다.

2) 제조후등록검사(Survey After Construction)

제조후등록검사라 함은 현존선이 선급에 등록하고자 할 때를 말하며 다른 IACS 선급에 등록된 경우는 선급이전이라고 하고, 다른 IACS 선급이 아닌 선급이나 기국의 검사를 받다가 등록을 하는 경우에는 제조후등록이라고 한다.

(1) 제조후등록 절차

(가) 제조후 등록검사

제조후등록검사에 있어서는 등록하고자하는 선박의 선령에 따라 그 선령에 해당하는 정기검사와 동등한정도로 선체, 기관, 의장 및 비품의 구조, 재료, 공사 및 현상을 검사하고 필요에 따라 주요부분의 현재 치수를 실측한다.

(나) 도면의 제출

제조후등록검사에 있어서는 제조중 등록검사에 준한 주요도면 및 서류를 제출하여야 한다. 만약 도면의 제출이 불가능할 때는 선급검사원이 선박에서 필요한 사항을 얻을 수 있도록 모든 편의를 제공하여야한다.

(다) 타선급선의 등록검사

국제선급연합회의 QSCS(Quality System Certification Scheme)에 적합함이 검증된 선급에 등록되어 있는 선박을 등록하고자 하는 경우 제출하여야 할 도면의 종류 및 검사사항 등은 선급이 별도로 정하는 지침에 따른다.

(라) 제반시험

제조후등록검사에 있어서는 규칙에 정하는 바에 따라 압력시험, 수밀시험 및 효력시험 등을 하고 해상시운전을 한다. 다만, 해상시운전에 대한 자료를 보유하고 있고 또한 이들의 성적에 영향을 주는 변경사항이 없는 선박에 대하여는 이를 생략할 수 있다.

(마) 복원성시험

여객선 및 길이 24 m 이상의 선박에 대하여는 복원성시험을 실시하고 그 결과에 근거 하여 운항하고자 하는 항해구역에 적합한 완성 복원성자료를 작성 하여 우리 선급의 승인을 받은 후 선장에게 제공하여야 한다. 다만, 일정기간에 한하여 선급의 승인을 받은 임시 복원성자료로 대체 제공할 수 있으며, 선급이 인정할 수 있는 복원성시험에 대한 자료를 보유하고 있고 복원성에 영향을 주는 변경이 없는 선박에 대하여는 복원성시험을 생략할 수 있다.

(3) 선급 대 선급 검사

(가) 선급이전(TOC, Transfer of Classification)

IACS회원 선급(정회원 및 준회원)간에 한 선급에서 다른 선급으로 선급이 이전되는 것을 말한다.

(나) 중복선급선(Double Class Ship)

두 개의 선급에 등록된 선박으로서, 각 선급이 그 선박의 유일한 선급인 것처럼 모든 검사를 각 선급의 요건과 일정에 따라 시행하는 선박을 말한다.

(다) 공동선급선(Dual Class Ship)

두 선급에 등록된 선박으로서, 선급 간의 업무분담, 한 선급이 다른 선급을 대신하여 시행한 검사의 상호인정과 선급 상태 및 검사보고서에 대한 정보의 교환에 있어 상호 문서화된 협정의 적용을 받는 선박을 말한다.

(라) 입급선급(Gaining Society : GS)

이미 선박에 지정되어 있는 만기일이 지난 검사, 만기일이 지난 지적사항 또는 만기일이 지난 선급유지조건이 완료되거나 또는 이전선급이 지정한대로 완료한 후 선박의 등록을 인정한 IACS 선급을 말한다.

(마) 탈급선급(Losing Society : LS)

선급이 이전되는 해당 IACS 선급을 말한다. 선박이 1개 이상의 선급에 등록된 경우, 탈급선급이라 함은 선급이 이전되는 모든 IACS 선급을 말한다.

(바) 첫 번째 선급(First Society : FS)

선주의 요청에 따라, 다른 IACS 선급과 중복선급 또는 공동선급 협정을 체결하고자 할 때 현재 선박이 등록되어 있는 IACS 선급을 말한다.

(사) 두 번째 선급(Second Society : SS)

이미 다른 IACS 선급에 등록되어 있는 선박에 대하여 중복선급 또는 공동선급 협정에 따라 등록할 것을 선주로부터 요청받은 IACS 선급을 말한다.

(아) 잔류선급(Remaining Society : RS)

중복선급 또는 공동선급 협정의 체결당사자인 상대 선급의 등록이 중지되거나 취소되었을 때, 그 선박의 등록을 유지하는 IACS 선급을 말한다.

(자) 탈락선급(Withdrawing Society : WS)

중복선급 또는 공동선급 협정에 따라 등록되어 있는 선박에 대하여 그 등록이 탈락된 IACS 선급을 말한다.

3.4.3 선급검사종류

검사는 정기적으로 이루어지는 정기적 검사와 임시로 이루어지는 임시검사 그리고 필요에 따라 시행되는 추가검사 또는 개조검사 등이 있다. 각각의 검사는 다시 선체검사 항목과 기관검사 항목으로 나누어진다.

1) 연차검사(Annual Survey)

연차검사는 매 검사기준 일의 전후 3개월 이내에 시행한다. 선박소유자의 요청에 따라 연차검사를 검사기준일로부터 3개월보다 앞당겨 받은 경우에는 해당검사 완료일로부터 3개월이 되는 날을 새로운 검사 기준일로 설정하고 새로운 검사 기준일에 의거 차기검사일을 지정한다. 검사는 선체, 창구덮개, 창구코밍, 폐쇄장치, 의장 및 관련 배관이 만족한 상태로 유지되고 있음을 보증하기 위하여 시행한다. 기관, 전기 및 추가설비는 작동상태와 안전장치의 상태를 확인한다.

2) 중간검사(Intermediate Survey)

중간검사는 등록검사 또는 전회 정기검사 완료일로부터 2번째 또는 3번째 검사 기준일의 전후 3개월 이내에 시행한다. 다만, 여객선, 잠수선, 원자력선, 수중익선, 공기부양선, 고속선은 매 검사 기준일 전후 3개월이내에 중간검사를 시행한다. 선박소유자의 요청에 따라 중간검사를 검사기준일로부터 3개월 보다 앞당겨 받은 경우에는 해당검사 완료일로부터 3개월이 되는 날을 새로운 검사 기준일로 설정하고, 새로운 검사 기준일에 의거 차기검사일을 지정한다. 연차검사의 요건에 추가된 중간검사 사항의 일부항목은 2번째 또는 3번째 연차검사 시기 또는 그 사이에 검사를 할 수 있다. 다만, 매년 중간검사를 받아야하는 선박은 제외한다. 검사계획 회의는 검사를 시작하기에 앞서 개최하여야 한다. 구역에 대한 검사 및 두께 계측을 중간검사 및 정기검사로서 양쪽에 동시에 인정하는 것은 허용되지 아니한다.

3) 정기검사(Special Survey)

첫 번째 정기검사는 최초등록검사 완료일로부터 5년 이내에 시행되어야 하며, 그 이후의 정기검사는 전회 정기검사 지정일의 다음날로부터 5년 이내에 시행 되어야 한다. 예외적인 경우, 선급은 다음 사항을 시행한 후 지적을 할 수 있도록 검사원이 본선에 입회하는 조건으로 정기검사를 완료하기 위하여 3개월 이내의 연장을 허용할 수 있다. 여기서"예외적인 경우(exceptional circumstance)"라 함은 입거시설을 이용할 수 없는 경우, 수리시설을 이용할 수 없는 경우, 필요한 자재, 장비 또는 예비품이 없는 경우 또는 악천후를 피하기 위한 조치로 인하여 지연된 경우를 말한다.

(1) 연차검사에 준하는 검사

(2) 지적사항/선급유지 조건에 대한 재확인

(3) 시행 가능한 범위까지 정기검사의 진행

(4) 입거검사 지정일이 선급검사 연장의 마지막 일자 이전에 도래하는 경우 승인된 수중검사업자에 의한 수선하부 선체에 대한 검사를 시행하여야 한다. 입거검사의 연장이 전회 입거검사 완료일로부터 36개월을 넘지 아니하는 경우 수면하부에 대한 미결된 지적사항/선급유지 조건이 선박에 없는 조건으로 승인된 수중업자에 의한 수선하부 선체에 대한 검사는 면제될 수 있다. 이 경우 차기 정기검사의 지정일은 원래 지정된 정기검사일로부터 산정하여 지정한다.

선박의 항해 중에 선급증서가 만료되는 것이 예상되는 경우 증서의 만료일 이전에 이러한 연장에 대한 문서화된 합의가 있고, 첫 번째 도착항에서 검사원 입회를 위한 적극적인 조치가 취하여지고, 이러한 연장이 기술적으로 정당하다고 선급이 만족하는 조건으로 정기검사완료의 연장을 허용할 수 있다. 이러한 연장은 증서의 만료일 이후 첫 번째 도착항에 도착할 때까지만 인정된다. 그러나 예외적인 경우로 인하여 첫 번째 도착항에서 정기검사를 완료할 수 없는 경우 연장할 수 있지만, 어떠한 경우에도 연장의 전체기간은 정기검사의 원래 지정일로부터 3개월보다 길어서는 아니 된다.

정기검사 지정일전 3개월 이내에 정기검사를 시행한 경우 차기 정기검사 시기는 원래의 정기검사 지정일의 다음날로부터 산정하며, 정기검사 지정일로부터 3개월 이상 앞당겨 정기검사를 시행한 경우에는 해당 정기검사 완료일로부터 5년이 되는 날을 차기정기 검사일로 지정한다.

정기검사는 4번째 연차검사시기부터 입거검사, 구획검사 및 두께계측 등을 포함한 검사를 시작하여 정기검사 지정일까지 검사를 완료할 수 있도록 시행할 수 있다.

정기검사 사항의 일부를 4번째 연차검사 시기보다 앞당겨 검사를 시행하는 경우 그 시행일자로부터 15개월 이내에 해당 정기검사 사항을 모두 완료하여야 한다.

검사계획회의는 검사를 시작하기에 앞서 개최하여야 한다. 구역에 대한 검사 및 두께계측을 중간검사 및 정기검사로서 양쪽에 동시에 인정하는 것은 허용되지 아니한다.

4) 입거검사(Docking Survey)

선박은 5년의 정기검사 기간 이내에 적어도 2회의 입거검사를 시행하여야 한다. 한 번의 입거검사는 정기검사와 연계하여 시행하여야하며, 모든 경우에 있어서 두 입거검사 사이의 간격은 36개월을 넘어서는 아니 된다.

그럼에도 불구하고 여객선, 잠수선, 원자력선, 수중익선, 공기부양선, 고속선에 대한 입거검사는 정기, 중간 또는 연차검사의 일부로 시행되어야 한다.

입거검사는 선박소유자의 신청이 있는 경우 다음과 같이 연장할 수 있다. 정기검사가 연장되는 경우 입거검사 시기의 연장은 그에 따라 연장될 수 있다. 예외적인 경우 입거검사는 선급의 승인을 받아 지정일로부터 3개월 이내의 범위에서 연장할 수 있다.

5) 입거주기 연장제도(EDD, Extended Dry-docking Interval System)

선박소유자가 신청하여야 하고, 검사기록, 손상기록 및 도장상태를 고려하여 선급이 적절하다고 인정하는 경우 선령 15년까지 제조중등록검사 완료일 또는 전회 입거검사 완료일로부터 첫 번째 및 두 번째 도래하는 입거검사를 수중검사로 시행하고, 세 번째 도래하는 입거검사는 제조중등록검사 완료일 또는 전회 입거검사 완료일로부터 7.5년 이내에 반드시 입거 또는 상가를 하여 입거검사를 시행하여야 한다.

(1) 대상 선박

(가) Container Ship 또는 Cargo Ship의 선급부호를 가진 선박

(나) 일반 건화물선

(2) 시행조건 및 방법

(가) 개별 기국의 승인을 받아야 함.

(나) 선박 소유자는 선령 10년이 넘기 전까지 상기제도를 적용을 신청할 수 있다

(다) 제1차 정기검사 이후에"입거주기 연장제도"에 따를 것을 신청하여 선령 10년부터 15년 사이에 지정된 입거검사를 입거 또는 상거하여 시행한 경우 이후 입거검사는 수중검사부터 시작하여 입거검사와 수중검사를 번갈아 가며 시행하도록 할 수 있다.

(라) 선박소유자 또는 국적이 변경되는 경우에는"입거주기 연장제도"의 적용에 대하여 다시 고려되어야 하고 입거검사가 지정되거나 즉시 요구될 수 있다.

(마) 선급은 입거가 필요하다고 인정하는 경우 언제든지"입거주기 연장제도"를 정지시킬 권한을 가진다.

(바) 상기 입거주기 연장제도를 시행하는 선박에 대하여"EDD"선급부기부호를 부여한다.

(3) 필수요건

(가) 선박소유자 선체 점검 및 정비 프로그램(HIMP)"의 적용을 받을 것.

(나) 2011.7.1.이후 건조 계약되어 제조중등록검사를 받고 등록되는 선박은 "IWS" 부호를 가질 것(In-Water Survey)

(다) STCM 부호를 가질 것 (Stern Tube Condition Monitoring)

(라) 기관장치 예방정비제도("PMS")의 적용을 받을 것(Planed Maintenance System)

(마) 선박소유자 선체 점검 및 정비 프로그램(OHIMP)을 시행하여야 하며, 해수 윤활방식의 프로펠러축은 입거주기 연장제도의 요건에 해당되지 않는다.

(6) 프로펠러축 및 선미관축의 검사(Propeller Shaft Survey)

제1종 프로펠러축(기름윤활방식 프로펠러 축)은 전회검사 완료일로부터 5년으로 한다. 제2종 프로펠러축(해수윤활방식 프로펠러 축)은 전회검사 완료일로부터 30월로 한다. 워터제트 추진장치 및 선회식 추진장치(azimuth or rotatable thruster)에 대한 검사는 선급이 별도로 정하는 지침에 따른다. 선박소유자의 신청이 있을 경우 프로펠러축(선미관축 등 포함) 검사는 6개월을 넘지 아니하는 범위 내에서 연기할 수 있다.

(7) 보일러검사(Boiler Survey)

다음의 보일러(열매체유가열기 포함)는 5년의 정기검사 기간 이내에 적어도 2회의 내부검사를 시행하여야 한다. 모든 경우에 있어서 두 검사사이의 간격은 36개월을 넘어서는 아니 된다.

(가) 주추진장치 용도로 사용하는 수관식 보일러(재열보일러 포함)
(나) 모든 형식의 중요 보조보일러
(다) 사용압력이 3.5bar를 초과하고 전열면적이 4.5m2를 초과하는 기타 용도의 보일러

연관식 주보일러 또는 1대의 수관식 주보일러만 갖춘 선박으로서 제조후 7.5년을 초과시 매 1년마다 전후 3개월 범위 내에서 검사를 받아야 한다.

(8) 기관계속검사(Continuous Machinery Survey, CMS)

선박소유자의 신청에 의거하여 선급이 승인하는 경우 정기검사 시 검사하여야 할 기관장치 항목에 대하여 계속검사를 실시할 수 있다. 이를 채택할 경우 정기검사의 모든 항목을 5년 내에 나누어서 검사 완료되도록 한다. CMS는 정기적 검사 시에 시행하여야 한다. 다만, 선박소유자의 요청에 따라 임시검사를 시행할 수 있다.

3.5 기타 선박검사

3.5.1 Oil Major Inspection

1) 도입 배경

과거에는 탱커를 대부분 석유회사에서 직접 소유하였지만 1970~80년대 사이에 탱커의 소유가 석유회사에서 개인선주로 이동하게 되었다. 이는 전 세계적인 원유 수요의 다변화와 유조선 용선시장이 장기용선에서 단기용선으로 바뀌었기 때문이었다.

또한 메이저 석유회사가 여러 차례 유조선 사고의 경험을 통해 유조선 사고는 엄청난 재정적 손실과 환경의 파괴를 가져오고 더불어 메이저 석유회사의 명성에도 막대한 손상을 입힌다는 사실을 인지하여 유조선을 직접 보유하고 운항하는 것에 대해 부담을 가지게 되었다.

그러나 개인선주들 중에는 기준 미달선을 보유하거나 운항경험이 부족한 선주들이 많이 있었으며 이러한 상황에서 메이저 석유회사들은 탱커용선 시장에서 자사 화물의 안전한 선적, 수송, 양하를 위해 양질의 안전한 선박을 용선해야 할 필요성을 느끼게 되었다.

2) 석유회사 국제해양포럼(Oil Companies International Marine Forum, OCIMF)

1967년 3월 18일 "토리 케년호" 좌초사고 이후로 각국 정부는 유조선 및 기름 오염에 관계된 국제협약과 국내법의 개발을 검토하게 되었고 이를 위해 석유산업계는 자신들의 전문적인 지식과 기술을 정부나 국제기구에서 국제협약을 개발하는데 제공하게 되었다. 이러한 움직임의 일환으로 메이저 석유회사는 1970년 4월 8일 런던에서 OCIMF를 결성하게 되었다.

OCIMF는 전 세계 석유회사들의 모임으로 1977년 설립되었다. OCIMF는 1970년대 후반에서 80년대 초반에 걸쳐 안전한 선박의 검증을 위한 메이저 검사 시스템을 개발하기 시작하였고, 여러 메이저 석유회사들의 요구를 수렴하여 1989년에 유조선검사 지침서를 개발하였다.

메이저 검사는 매우 전문적이고 기술적인 선박에 대한 평가시스템으로 메이저 석유회사가 선박의 소유자, 운항자, 관리자, 이해관계자를 대상으로 각종 국제규정 및 그들이 기대하는 요건의 만족 여부를 평가하기 위해 개발되었다. 메이저 검사는 SOLAS 협약, MARPOL 협약 등 국제협약을 기본으로 하고 ISGOTT 와 같은 기술지침서의 내용을 또한 수용하고 있다. 이렇게 개발된 메이저 검사는 1990년 이후 메이저 석유회사들에 의해 본격 시행되고 있다.

3) 검사제도

(1) SIRE(Ship Inspection Report Exchange Programme)

Sire는 유조선의 안전성을 평가하는데 사용되는 주요 수단들 중의 하나로 과거 여러 Oil Major들이 동일한 선박에 대해 동일한 시기에 검사를 시행함으로써 야기된 검사 인력의 낭비와 선박 승무원에게 야기되는 불필요한 부담을 줄이기 위해 도입된 것이다.

이는 탱커선의 상태와 각종 작업절차 및 선박 상세에 관한 기술적인 정보들을 쉽게 이용할 수 있도록 만들어진 정보 도구이며 1993년 OCIMF에 의해 개발되었다. 메이저 석유회사들은 SIRE 프로그램을 통해 메이저 검사결과 보고서를 검토 및 평가할 수 있다. SIRE 등록되어 있는 정보는 OCIMF 회원 및 탱커선의 안전에 대해 관심을 갖는 정부당국에 의해 이용된다.

(2) VIQ(Vessel Inspection Questionnaire)

VIQ는 메이저 검사의 중복성을 피하고 검사에 소요되는 시간을 줄이기 위해 개발된 표준화된 검사점검표이다. 기존에는 각 메이저 석유회사가 개별적으로 보유하고 있던 검사지침서로 검사를 시행해왔기 때문에 중복검사, 검사보고서의 비효율적인 활용, 검사기준의 차이와 같은 문제점들이 발생하였다.

이러한 문제점을 해결하기 위해 OCIMF는 회원들 중에 선박심사관련 업무를 담당하는 사람들로 구성된 특별팀을 만들어 VIQ의 개발에 착수하게 되었고 1997년부터 이를 활용하기 시작하였다. OCIMF 회원들은 표준화된 검사보고서의 필요성을 공통적으로 인식하고 있었기 때문에 관계자들이 적극적으로 참여하게 되었고 개발 후에는 많은 구성원들이 이를 적극 활용하였다.

VIQ는 총 12장으로 구성되어 있고 각 장에서는 하위 점검항목이 상세하게 기재되어 있다. 1장부터 12장까지 각 장에서는 선박의 일반정보, 증서와 서류, 승무원관리, 항해, 안전관리, 오염방지, 선체상태, 화물 및 밸러스트 시스템, 계류장치, 통신, 기관실과 조타실, 선박의 일반적인 외관 상태를 다루고 그 중에서도 안전, 오염방지 및 화물 및 밸러스트 시스템과 관련된 요소를 중점적으로 다룬다.

각 장의 상세한 점검항목은 약 480여개의 조문으로 구성되어 있으며 모든 조문은 SOLAS협약, MARPOL협약, STCW협약, USCG, CFR, MSC/Circ, Ship to Ship Guide, IGC Code, IBC code, FSS Code, ISPS Code, COLREG, ISGOTT, Mooring Equipment Guidelines 등의 국제규정과 기술지침서를 기초로 하였습니다. VIQ는 각 장별 검사 항목의 기술적인 정보를 상세하게 포함하고 있기 때문에 SIRE 시스템 이용자는 VIQ를 통해 선박 국제규정 수용 여부를 판단할 수 있다.

메이저 검사는 결국 VIQ에 의한 점검이기 때문에 사전에 VIQ의 각 조문을 충분히 확인하여 미비한 점을 시정, 조치한다면 실제 검사에서는 거의 지적을 받는 상황이 발생하지 않을 수 있다. 다만 VIQ에 모든 점검사항을 기재할 수는 없기 때문에 메이저 석유회사마다 VIQ에 기재되지 않은 항목이지만 매우 중요한 사항으로 간주되어 평가하는 항목이 있을 수 있다. 그래서 승무원들은 기본적으로 선박과 인명의 안전 및 해양오염 방지를 위한 항목과 비상시 절차에 대해 숙지하고 있어야 한다.

(3) VPQ(Vessel Particular Questionnaire)

VPQ는 선체 치수, 항해장비의 상세, 기관설비의 상세, 증서관련 상세 등 선박 건조시부터 폐선까지 거의 변하지 않는 선박의 상세 정보를 정리한 표준화된 문서로써 OCIMF에서 개발되어 1997년부터 사용되고 있다.

VPQ에 있는 대부분의 질문들은 Yes/No 또는 한줄로 간단하게 대답하도록 되어 있고 약 25개 항목만 정기적으로 수정된다. 이 수정사항은 승무원이 선박회사에 정기적으로 보고하면 선박회사의 담당자가 최종적으로 정리하여 OCIMF에 제출한다.

VPQ는 검사관과 OCIMF의 회원 뿐 아니라 검사 중에 일일이 확인하고 질문하는데 소요되는 시간을 단축시키는 역할을 하였다. 또한 선박회사에서는 자사 선박의 상세 정보를 VPQ를 통하여 쉽게 관리 할 수 있게 되었다. 더불어 SIRE 시스템을 사용하는 사람들은 언제든지 선박의 특정한 정보에 쉽게 접근할 수 있게 되었다. 검사관의 경우 검사가 있기 전에 SIRE를 통해 VPQ를 검토함으로써 미리 검사대상 선박의 구조 및 설비에 대해 파악할 수 있게 되었다.

VPQ에 기재되어 있는 선박의 상세한 정보들 중에 과거에 선적하였던 화물의 종류나 과거 선박의 항로 등의 상업적 정보에 대해서는 자칫 민감한 사항이 될 수 있기 때문에 기재사항에서 제외하고 있다.

(4) 탱커선상태평가(Tanker(Vessel) Management and Self-Assessment, TMSA)

근본적인 RISK의 원인이 되는 운항선사 안전관리에 대한 일원화된 평가 기준이 없어, Sub-Standard 운항선사의 식별/퇴출을 위해 2004년 OCIMF에서 TMSA 개발하였다. TMSA을 통한 자체 평가를 통해 운항선사는 미흡한 안전관리 수준을 식별하고 지속적 개선을 위해 활용한다. Major Oil사별 정책에 의해, TMSA Audit 결과에 따라 장/단기적 사업성의 여부가 결정될 수 있다.

3.5.2 CDI(Chemical Distribution Institute)

1) 도입 배경

CDI는 네덜란드 법률에 따라 Chemical Distribution Institute(CDI)로 설립되었으며 비영리 재단으로 운영되었다. CDI는 대량 및 포장된 화학물질의 운송 및 보관을 위한 글로벌 공급망의 검사 및 감사를 담당하고 있다. CDI는 무역 협회가 아니며. 비영리, 비상업적이며 정치적 영향력이 없다.

2) CDI 목적

(1) 화학 산업을 위한 해상 운송 및 보관의 안전, 보안 및 품질 성능을 지속적으로 개선

(2) 업계 및 교육 센터와의 협력을 통해 해상 운송 및 화학 제품 보관 분야의 업계 모범 사례 개발을 추진

(3) 고객과 이해관계자에게 화학 제품의 해상 운송 및 보관에 관한 업계 모범 사례와 국제 법률에 대한 정보와 조언을 제공

(4) 현재 및 미래의 국제 법률을 모니터링하고 화학 산업의 경험, 지식 및 조언을 입법자에게 제공

(5) 화학 회사에 위험성 평가를 위한 비용측면에서 효율적인 시스템을 제공하여 책임관리에 대한 약속을 지원

(6) 화학 회사가 자신 있게 사용할 수 있는 신뢰할 수 있고 일관된 단일 검사 데이터 세트를 제공

(7) 화학 산업에 다음을 위한 독립적인 조직을 제공

(8) 검사 및 위험 평가 정보가 공개될 수 있는 데이터베이스의 개발 및 유지 관리

3) 검사개요

(1) CDI 검사 주기는 13개월(검사당시 화물운용을 하지 않았다면 3개월 유효)로서 대부분 SIRE 검사와 병행 수검하는 경우가 많아 선사 담당자 및 선원들은 상당한 부담이 됨

(2) OIL MAJOR검사와는 달리 CDI검사는 검사결과의 Pass/Fail의 개념은 없으나, 검사결과에 따라 다른 선박과의 경쟁에서 우위를 차지하지 못하게 된다면 타 화물에 비해 운임이 높은 화물을 운송할 수 없게 됨으로써 영업상 지장을 초래하는 경우도 있음

(3) CDI 검사결과는 EQUASIS 웹사이트에 등재되어 PSC에서도 확인이 가능하여 항만국통제 검사시 기초자료로 활용될 수 있음

(4) CDI 검사는 결국 SIRE 검사의 VIQ와 유사한 SIR(Ship Inspection Report)에 의한 점검이기 때문에 사전에 SIR의 각 조문 및 점검사항을 충분히 확인하고 자체검사(Self Inspection)를 통하여 미비한 점을 보완하는 것이 필요함.

4) 점검항목

총 15장으로 구성되어 있으며 각 장(section)에서는 하위 점검항목이 상세 기재하고 있으며 상세한 점검항목은 약 1100여개의 규칙으로 구성되어 있다.

(1) Section 1 – 증서, 선원관리
(2) Section 2 – 관리 및 선원
(3) Section 3 – 선교
(4) Section 4 – 계류
(5) Section 5 – 화물작업
(6) Section 6 – 기관구역
(7) Section 7 – 안전관리
(8) Section 8 – 보건, 안전 및 인명보호
(9) Section 9 – 소화

(10) Section 10 - 인명구조
(11) Section 11 - 환경보호
(12) Section 12 - 보안
(13) Section 13 - 선체 및 선루
(14) Section 14 - 거주구역
(15) Section 15 - 화물/평형수 탱크 및 기타구역

5) 검사절차

(1) 본선 검사담당

(가) 증서 및 인적구성 등(선장, 기관장, 일항사)
(나) 경영 및 인원(선장)
(다) 선교(선장, 항해사관)
(라) 계류(선장, 일항사)
(마) 화물 운용(일항사 및 당직사관)
(바) 기관실(기관장, 기관사관)
(사) 운영 안전(안전사관)
(아) 건강, 안전 및 개인보호(선장, 안전사관)
(자) 소화 장비(이항사, 삼항사)
(차) 구명 장비(이항사, 삼항사)
(카) 환경보호(선장, 기관장)
(타) 보안(선박보안사관, 선장)
(파) 선체 및 상부 구조물(일항사)
(하) 거주구(일항사)

(2) 검사원 승선 및 서류점검

1. 갱웨이 및 현측사다리가 안전하게 올바르게 놓여 있음을 확인.
2. 갱웨이 당직자의 정확한 개인보호장구의 착용.

3. 검사원에 대한 예의를 갖춘 인사
4. 검사원 승선시 보안점검(ID확인 및 보안등급에 따른 소지품 검사), 휴대폰 및 전자장비의 전원확인을 포함한 안전/보안 준수사항 전달 및 승선자 기록 및 서명 요구 (*보안 검색시 방폭 제품이 아닌 금속탐지기 사용금지. 필요하다면, 거주구역 내에서 실시)
5. 상기 절차 완료 후, 안전통로를 따라 수검 장소(사무실 또는 선장집무실)로 안내
6. 검사원이 수검 장소에 도착하면 검사진행방법, 수검시간 및 어떤 장비를 TEST 할 것인지 알려줄 것
7. 최신화된 HVPQ
8. 회사의 상세 및 연락처
9. CSR 및 추록
10. DOC, SMC, ISSC
11. VIQ에 열거되어있는 선급증서 파일 (일부 항만당국에서는 선급증서 중 원본 일부를 가져갈 수 있으므로 반드시 복사본 확보)
12. 국제톤수증서(ITC)
13. 최소안전승무증서
14. Certificate of Fitness (가스 및 케미컬 선박에 해당)
15. Noxious Liquid Substances (NLS) 증서
16. Civil Liability Convention (1992) 증서
17. P & I 증서
18. U.S. Certificate of Financial Responsibility(CoFR)
19. 구명 및 소화장비 증서(구명정 on-load release gear 포함)
20. PSC 수검 파일 및 지적사항에 종결처리 증빙.
21. Lifting gear register
22. 회사 절차서
23. 방선 기록부
24. 회사의 내부심사 및 지적사항에 대한 종결처리 증빙
25. 선장검토서(Master's review)
26. 최신의 Class Survey Status report (검사일 기준 4개월을 초과 미허용)

27. 선급검사보고서 (연차, 중간, 정기 및 수시)
28. 화물 및 밸러스트 탱크, 보이드 스페이스, 트렁크, 코퍼댐의 점검기록.
29. Enhanced Survey 보고서 (해당될 경우)
30. CAS (해당될 경우)
31. 윈치의 Brake Holding Capacity (BHC) 시험 기록
32. Bow chain stopper 증서
33. 외부출처문서 (VIQ 목록 순으로 정리)
34. 근무/휴식시간 기록부
35. 선원명부
36. CREW MATRIX
37. 사관의 면허 및 당직부원증서
38. 불시 음주측정 기록
39. 불시 마약/음주 검사 기록(외부)
40. 소화장비 보수/점검기록
41. 구명장비 보수/점검기록
42. 비상훈련 기록
43. 오염방재훈련 기록
44. 선내안전회의록(회사의 회신 포함)
45. 사고/준사고 파일(회사의 확인 포함)
46. 부적합사항 파일(종결처리 증빙 포함)
47. 작업허가서(열작업, 밀폐구역, 등. 위험성 평가 포함)
48. 밸러스트탱크 및 보이드구역 모니터링 기록
49. 휴대용 가스검지기 검교정 기록
50. 화물탱크, 밸러스트탱크 및 보이드구역 점검 기록
51. 화물호스 압력시험 기록
52. SOLAS 훈련 및 화재훈련 지침서
53. 연료유, 윤활유 및 유압유 분석 기록
54. 독성가스튜브 목록(유효기간 포함)

(3) 작동 및 입증

(가) Lifeboat engines

(나) Emergency generator using two staring methods

(다) Emergency fire pump

(라) Fire smothering systems

(마) Anti-pollution oil spill pumps

(바) Pressure/Vacuum (P/V) valve, always take into consideration H2S content of the cargo. Only operate if H2S levels allow safe operation

(사) Foam monitors

(아) Fire/foam deck main isolation valves

(자) Donning breathing apparatus

(차) Pump room entry procedures,

(카) Pump room extraction fan high level suction flaps

(타) Cargo tank high level and overfill alarms (recommended advising the terminal first)

(파) Use of a portable oxygen meter to check O2 content of inert gas being delivered to the cargo tanks,

(하) (Visual inspection of the fore peak and up to two other water ballast tanks from the deck level ONLY

(거) Inert Gas System alarms and set points

(4) 거주 구역 내부의 장비 작동 능력

(가) Navigation equipment

(나) Electronic Position Indicating Radio Beacon (EPIRB)

(다) Search and Rescue Transponders (SART)

(라) Pyrotechnics

(마) Oil Discharging Monitoring Equipment (ODME)

(바) Calibration of oxygen and combustible gas portable meters, and use of toxic gas detectors

(사) Remote operation of the fuel oil tanks' quick closing valves

(아) Cold room alarms

(5) 기관 구역내 장비 작동 능력

(가) Bilge alarms

(나) Main/auxiliary engine oil mist detector

(다) Bilge separator 15 ppm alarm and 3-way valve

(라) Bilge alarms

(마) Steering gear in normal and emergency modes

(바) Emergency air compressor

(사) High and low voltage earth leakage detectors

(아) Emergency fire pump (if located in the machinery spaces)

(자) Planned Maintenance System records

항만국통제 실무

4

4.1 항만국통제관 자격요건

항만국통제 점검은 IMO 총회에서 채택한 항만국 통제 절차를 고려하여 당국이 해당 목적을 위해 권한을 부여하고 책임하에 행동하는 적절한 자격을 갖춘 사람이 수행토록 하고 있다.

항만국통제관은 주요 팀 구성원들과 영어로 소통할 수 있어야 한다. 또한, 항만국 통제관에게는 필요한 협약에 관련된 지식을 제공하기 위한 훈련이 제공되어야 하며, 이러한 훈련은 최신의 IMO Model Courses[48)]가 고려되어야 한다.

4.1.1 우리나라 항만국통제관의 자격요건

우리나라의 경우, 「선박안전법」 제76조에 따라 선박검사관은 선체검사관 및 기관검사관으로 구분하며 검사관의 자격 요건은 승선경력, 해기사 자격증 경력 및 국가기술자격 경력의 3가지 분야가 있다.

이 중 승선경력 분야에서는 대학의 관련학과 출신 해기사의 경우에는 3급 이상으로서 2년 이상의 승선 경력이 필요하다. 또한 해기사 자격증 경력 분야에서는 대학 또는 전문대학 졸업자로서 2급 이상의 해기사 면허 보유자여야 한다.

이와 같은 자격을 갖추고 임명되어 업무를 하는 선박검사관은 해양수산부 장관이 시행하는 5일 이상의 신규 검사관 교육을 이수하여야 하며, 새로운 전문 지식과 기술의 습득을 위하여 2년마다 5일 이상의 재교육을 이수하여야 한다.

한편, 상기 자격으로 임용된 선박검사관 중 기국·항만국통제 업무를 담당하는 검사관은 ① 기국통제검사관(Flag State Surveyor 또는 Flag State Control Officer), ② 항만국통제검사관(Port State Control Officer), ③ 선임항만국통제검

48) IMO MODEL COURSE 3.09(PORT STATE CONTROL) : 항만국통제 기본개념, 절차, 관련 협약 적용 방법 및 현장 교육 등 신규 검사관을 위한 IMO 지침서

사관(Senior Port State Control Officer), ④ 전문항만국통제검사관(Master Port State Control Officer) 등으로 구분한다.

특히 선박검사관 중 기국·항만국통제 검사관의 직무를 수행하기 위해서는 기본교육(Basic training course), 선체(Hull)·기관검사(Machinery) 실무교육, 안전관리체제 인증심사 교육(ISM Course), 선박보안심사 교육(ISPS Course) 및 현장직무교육(On the Job training) 등의 임명교육을 이수하여야 한다.

〈표 4-1〉 선박검사관의 자격 요건(우리나라)

구분	자격기준(선박안전법 시행규칙 제97조)	
선체 검사관	승선경력	• 대학에서 항해 관련 학과를 졸업하고 3급항해사 해기사 면허를 취득한 후 관련 분야에서 2년 이상 근무
		• 전문대학을 졸업하고 2급 항해사 면허를 취득한 후 관련 분야 3년 이상 근무
	해기사면허	• 대학이나 해양 · 수산 계열의 전문대학을 졸업하고 2급 항해사 이상의 해기사면허를 취득한 사람
	국가기술 자격	• 국가기술자격법에 따른 조선기술사의 자격자 • 국가기술자격법에 따른 조선기사의 자격을 취득한 후 관련 분야에서 3년 이상 근무 • 국가기술자격법에 따른 조선산업기사의 자격을 취득한 후 관련 분야에서 6년 이상 근무
기관 검사관	승선경력	• 대학에서 기관 관련 학과를 졸업하고 3급 기관사 해기사 면허를 취득한 후 관련 분야에서 2년 이상 근무
		• 전문대학을 졸업하고 2급 기관사 면허를 취득한 후 관련 분야 3년 이상 근무
	해기사면허	• 대학이나 해양 · 수산 계열의 전문대학을 졸업하고 2급 기관사 이상의 해기사면허를 취득한 사람
	국가기술 자격	• 국가기술자격법에 따른 기계기술사, 산업기계설비기술사 또는 조선기술사의 자격자 • 국가기술자격법에 따른 일반기계기사의 자격을 취득한 후 관련 분야에서 3년 이상 근무

4.1.2 미국 항만국통제관의 자격요건

세계적 추세인 항만국통제 지역협력체에 가입하지 않고 독립적으로 항만국통제 제도를 운영하고 있는 미국은 자체 프로그램, 다른 기국의 요청, 노동조합이나 전문 단체, 선원 등에 의해 결함선박이라는 신고가 접수될 시에 항만국통제 점검을 실시한다.

미국에서는 『해운법』의 제33장 검사 일반(inspection generally)에서 해안경비대가 외국적 선박에 대한 기준이행 확인에 대한 이러한 책임을 수행하도록 하고 있는데, 실질적인 항만국통제 업무는 해안경비대 소속의 항만국통제관이 수행하고 있다.

미국의 해안경비대에서 외국선박의 항만국통제 점검을 담당하는 항만국통제관은 해안경비대에 속한 군인 신분의 검사관과 일반 공무원 신분의 항만국통제 검사관이 상호 협조하여 항만국통제관 업무를 수행하는 체계이다.

항만국통제의 등급을 포함한 분류 및 자격요건 등은 해안경비대의 『해상안전지침서 II』 Section A의 7장에서 기술하고 있다. 일반적인 항만국통제관은 상업용선박의 현장검사업무를 수행하기 위하여 현장검사부서에 배치된 일반 공무원 또는 군인을 의미한다. 연방 법률, 미국해안경비대의 정책, 여러 유형의 선박에 대한 선체구조, 수리, 개조 등에 적용되는 규정에 대하여 높은 이해도가 요구되는 이들 항만국통제관은 초급((Apprentice), 숙련(Journeyman), 상급(Advanced Journeyman) 검사관으로 분류된다.

항만국통제관이 취득한 자격은 12개월 동안 각 해당분야별로 최소 1회 이상의 점검기록을 유지하여야 해당 분야의 자격이 유지되는데, 이 기간 내에 선박에 대한 점검 실적을 보유하지 못하면 해당 자격은 상실된다. 만약 자격조건이 유지되지 못할 경우에는 재검증을 득한 후에 점검에 투입되도록 하고 있다.

또한 항만국통제 점검 시는 이러한 유효한 자격의 미보유자는 검사에서 배제 되도록 하고 있으며, 미국해안경비대는 이 자격의 유지를 위하여 항만국통제 관의 점검실적, 교육훈련 기록 등을 자격 검증관이 지속적으로 확인하고 있다. 한편, 검사관에 대한 재교육은 5년마다 시행하고 있다.

미국해안경비대는 자격을 보유한 항만국통제관에 의해 항만국통제 업무가 수행되도록 하고 있을 뿐만 아니라 다양한 경력개발교육 단계를 개발하여 항만국통제관의 업무능력과 자격의 향상을 위한 교육에 참여하도록 독려하고 있다.

항만국통제관에 대한 경력개발교육의 종류에 대해서는 『해상안전지침서 Ⅰ』에서 규정하고 있는데, 해안경비대는 경력개발교육을 ① 입문·기초레벨교육과정(Entry·Basic Level Training), ② 기술레벨교육과정(Technical Level Training),③ 중간관리자레벨 교육과정(Mid-Management Level Training), ④ 경영층레벨교육과정(Executive Level Positions Training)[333]의 4단계로 구분하여 운영하고 있다.

입문·기초교육 과정은 모든 항만국통제관의 필수교육 과정인데, 해사안전에 대한 전반적인 사항과 기초적인 법률, 규정, 운용문서, 안전관리 프로그램의 운용 및관리 등에 관한 내용을 교육한다. 기술레벨교육과정은 비파괴검사과정, 용접 및 금속과정, 연방규정의 해석과 집행 과정, 폭발물적하감독과정, 해양사고조사과정 등의 실제업무수행에 필요한 다양한 자격증명을 위한 교육과정이다.

4.2 항만국통제 현황

항만국통제에 효과적으로 대비하기 위해 각 지역 협의체의 그간 점검 현황을 분석하고 시사점을 마련해 보도록 한다.

4.2.1 Tokyo MoU 점검 현황

1) Tokyo MoU 개요

Tokyo MoU는 아시아-태평양 지역의 항만국 통제를 담당하는 정부 간 협력 기구로, 22개 회원국('25년 1월 기준)으로 구성되어 있다. 주요 목표는 회원국 간 협력을 통해 이 지역에서 효과적인 항만국 통제 체제를 구축하고, 이를 통해 해상 안전 증진, 해양 환경 보호, 선박 내 근로 및 생활 조건의 개선을 도모하는 것이다.

Tokyo MoU 누리집(http://www.tokyo-mou.org)에서는 조직 구조, 점검 현황, 발간물, 회원국 정보 등을 제공한다. 특히, PSC 데이터베이스를 통해 회원국들이 수행한 점검 결과를 검색하고 열람할 수 있으며, 이는 투명한 정보 제공을 위한 노력의 일환이다.

또한, 최신 뉴스 부문에서는 최근 회의 결과, 집중 점검 캠페인(CIC) 발표, 연례 보고서 등 최신 정보를 확인할 수 있다. 이러한 정보를 통해 Tokyo MoU는 해운 산업 종사자와 일반 대중에게 유용하고 투명한 정보를 제공하고자 노력하고 있다.

〈그림 4-1〉 Tokyo MoU 누리집

2) Tokyo MoU 점검 현황

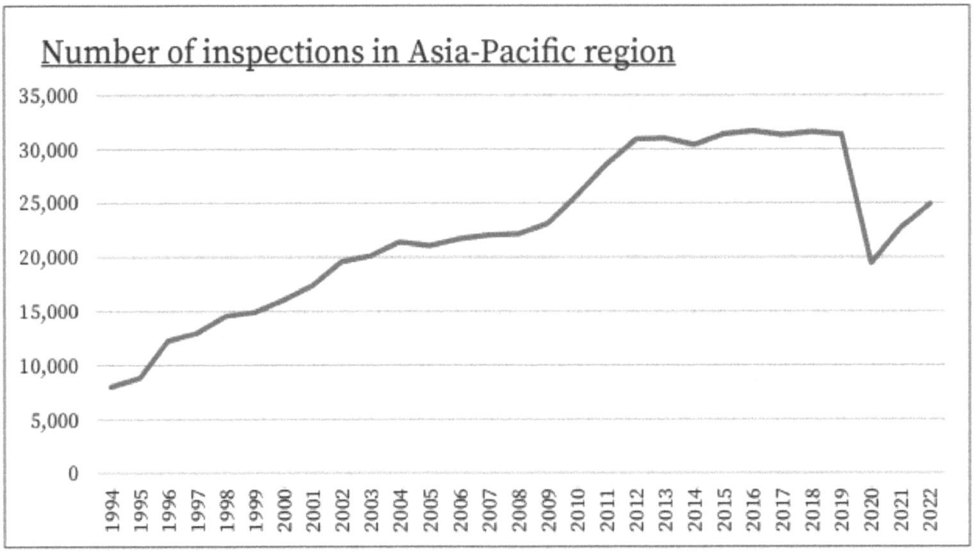

〈그림 4-2〉 최근 30년 Tokyo MoU 지역 내 항만국통제 점검 추이(점검 척수)

Tokyo MoU에서는 1994년 이후 점검 횟수는 꾸준히 증가해 왔으나, 2020년 COVID-19의 영향으로 인해 점검 기간에는 감소한 후로 지속적으로 증가하고 있다. 한편, COVID-19로 인해 해당 기간 동안 비대면 점검제도(Remote-inspection[49])가 시행된 바 있다.

〈그림 4-3〉과 같이, 소프트웨어(ISM 관련 결함 등) 또는 하드웨어에 기인한 결함률 측면에서, 소프트웨어의 결함률은 2000년 5%에서 2022년 11%까지 점진적으로 증가하였으며, 반면 하드웨어의 결함률은 2000년 67%에서 2022년 62%로 약간 감소한 것으로 나타난다.

---

49) 코로나19의 대유행 상황에서 PSC 활동을 유지하는 필요성과 중요성을 인식하여 Tokyo MoU에서는 정상적인 물리적 PSC 점검이 불가능한 경우를 대비하여 임시로 원격 PSC 점검을 시작하기로 결정('21.3, Tokyo MoU press release)

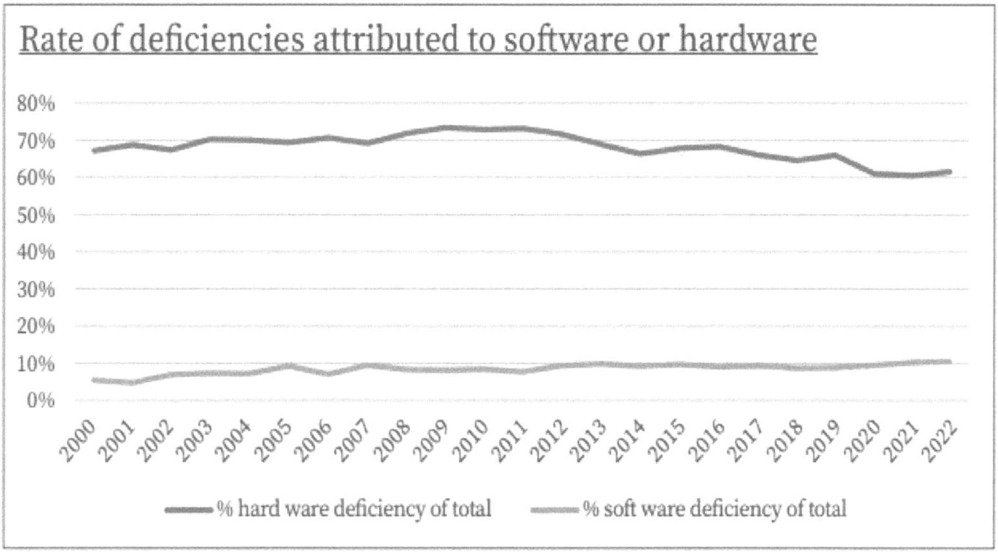

〈그림 4-3〉 최근 30년 Tokyo MoU 항만국통제 추이
(소프트웨어 또는 하드웨어 측면에서의 결함률)

특히 하드웨어에 기인한 결함률은 2009년부터 2011년까지 73%로 최고점을 찍은 후 최근에는 약간 감소하고 있는 추세이다. 이는 항만국통제 점검에 대비하여 선박의 기기에 대한 정상 작동 여부를 확인하는 것도 중요하지만 선박설비에 대한 작동 방법의 숙지 여부, 적절한 관리(maintenance) 여부 등 소프트웨어 측면도 중요한 항목으로 인식하여야 함을 시사한다.

〈그림 4-4〉와 같이 1994년부터 2022년까지의 전체 사고 횟수는 큰 변화를 보이지 않지만, 기기 손상/고장으로 인한 사고는 증가하였으나 충돌로 인한 사고는 감소하였다.

이는 선박에서 기기 장비의 적절한 유지보수에 주의를 기울이도록 항만국통제 점검을 강화할 것으로 예상되는바, 특히 선박의 안전관리매뉴얼에 따른 적절한 기기 유지보수 및 관리가 무엇보다 중요하다고 볼 수 있다.

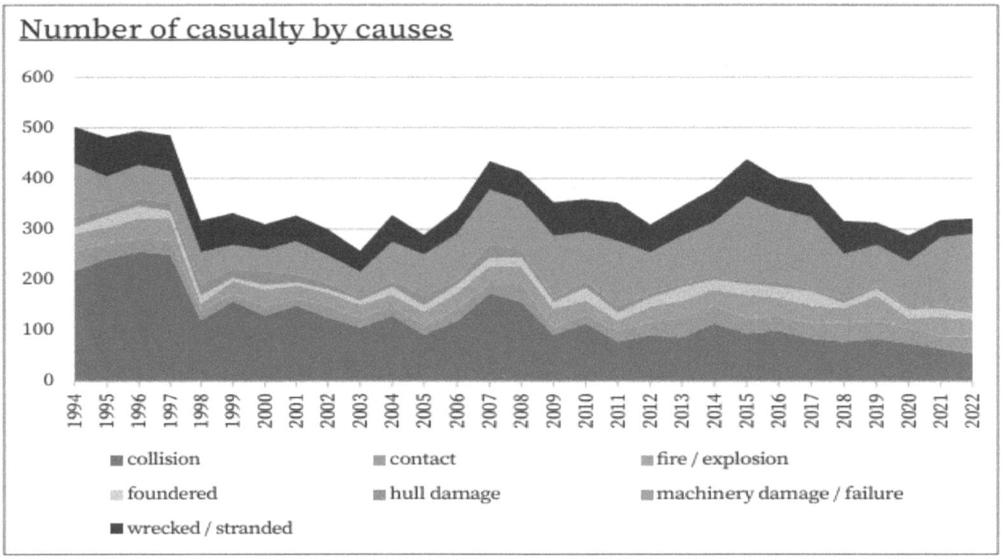

〈그림 4-4〉 전세계 사고원인에 따른 해양사고 현황

4.2.2 Paris MoU 점검 현황

1) Paris MoU 개요

Paris MoU는 항만국 통제 분야에서 가장 오래되고 권위 있는 국제 협력 기구 중 하나로, 유럽 지역과 북대서양의 27개 회원국이 참여하고 있습니다. Paris MoU의 주요 목표는 회원국 간 협력을 통해 선박의 안전과 보안을 강화하고, 해양 환경 보호를 촉진하며, 기준미달 선박의 운항을 방지하는 것이다.

공식 홈페이지에서는 항만국 통제 절차, 최신 점검 및 출항정지 통계, 관련 규정 및 발표 자료 등을 제공한다. 또한, "Do an Inspection Search" 기능을 통해 회원국의 점검 데이터베이스를 검색하고, "Detentions & Bannings" 부문에서 출항정지 및 운항 금지 정보를 확인할 수 있다.

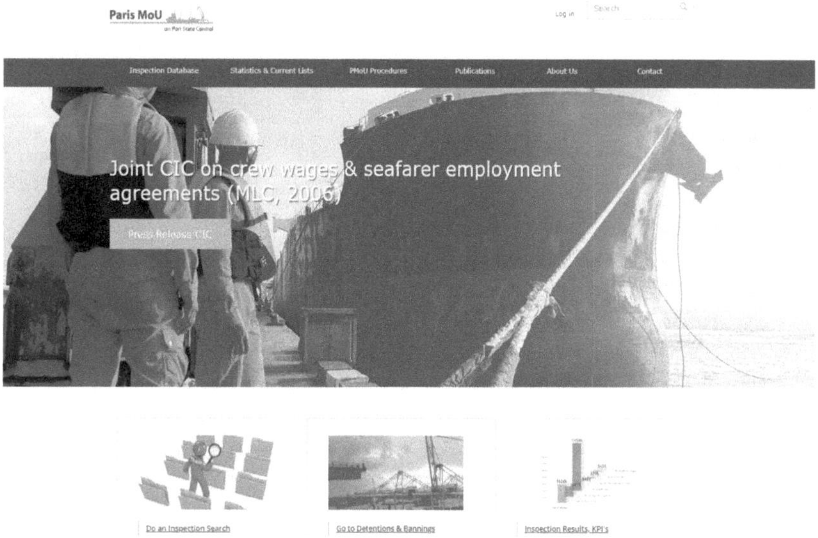

〈그림 4-5〉 Paris MoU 누리집

2) Paris MoU 점검 현황

최근 10년간 Paris MoU의 PSC 점검 척수는 총 147,420척 이며, 1년 평균 약 14,742척의 선박을 점검하였다. 앞서 Tokyo MoU와 마찬가지로 2020년 COVID-19의 영향으로 인해 점검 기간에는 감소한 후로 지속적으로 증가하고 있다.

최근 10년간 Paris MoU의 출항정지건수는 총 5,974건이며 1년 평균 약 597.4건의 출항정지를 명령하였다. 최근 10년간 Paris MoU의 출항 정지율은 평균 3.51%이다.

특히 2022년에는 Paris MoU 지역에서 10척의 선박이 출입을 거부 받았다. 그 중 7척은 다수의 출항 정지로, 나머지 3척은 지정된 수리 장소에 입항하지 않아 출입이 금지되었다. 22019년부터 현재까지의 총 출입 거부 횟수는 각각 25회(2019년), 8회(2020년), 11회(2021년) 및 2022년에는 10회이다.

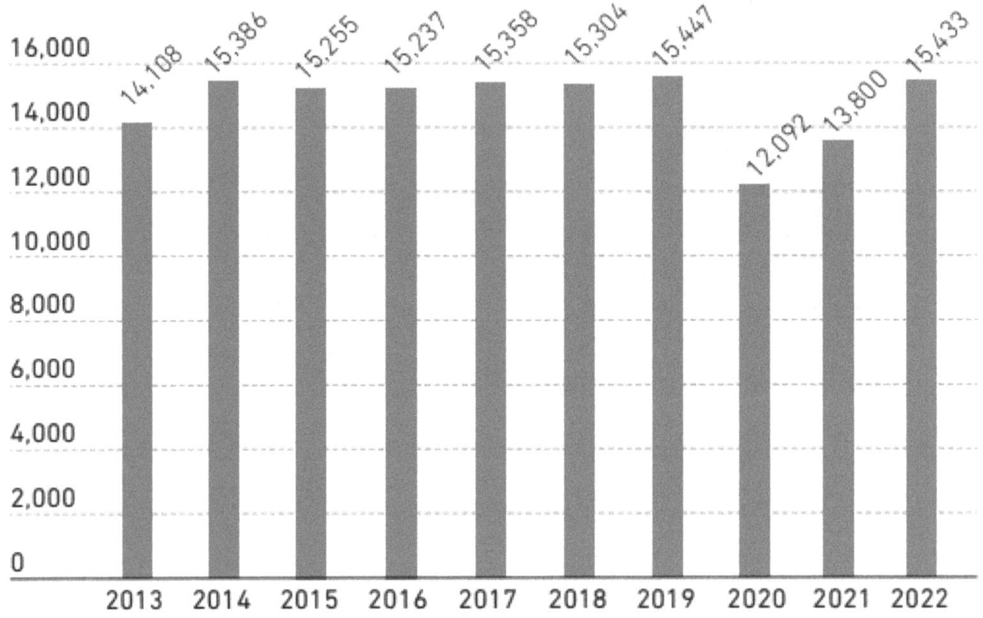

〈그림 4-6〉 최근 10년 Paris MoU 항만국통제 점검 추이(개별 선박의 점검 척수)

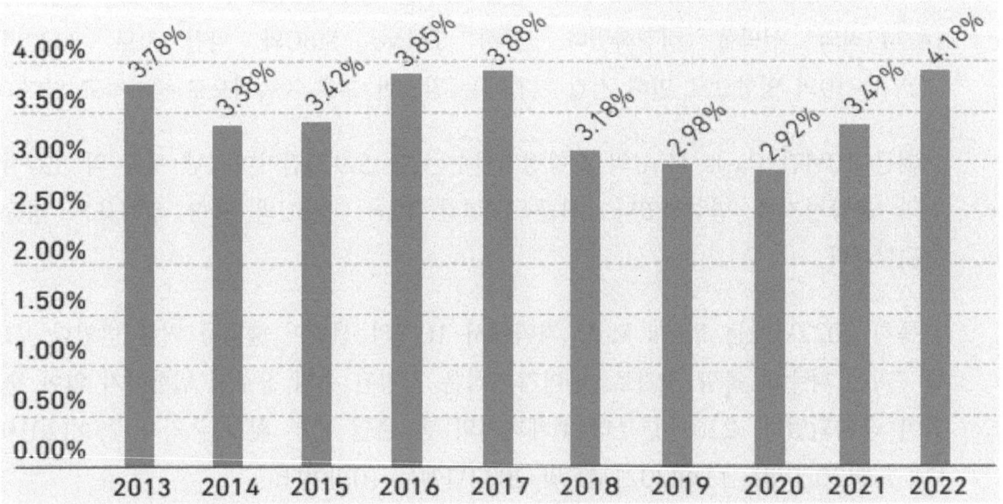

〈그림 4-7〉 최근 10년 Paris MoU 항만국통제 점검 추이(출항정지율)

Paris MoU 지역의 항구에 선박 출입이 거부되는 것은 세 가지 이유가 있다.

① 선박이 36개월 내에 3회 출항정지를 받은 경우(이는 Paris MoU의 Black list에 포함된 국적 선박에 해당) 또는 선박이 24개월 내에 3회 출항정지를 받은 경우(이는 Paris MoU의 grey list에 포함된 국적 선박에 해당),

② 선박이 출항정지를 회피하는 경우,

③ 선박이 출항정지 후 합의된 수리 장소로 입항하지 않는 경우

여러 번의 출항정지 후 선박은 출입 거부가 되고, 이러한 선박은 일정 기간 동안 Paris MoU의 지역에 있는 어떤 항구에도 출입이 거부된다. 또한, 출항정지를 회피하거나 합의된 수리 장소에 입항하지 않는 선박도 출입이 거부된다.

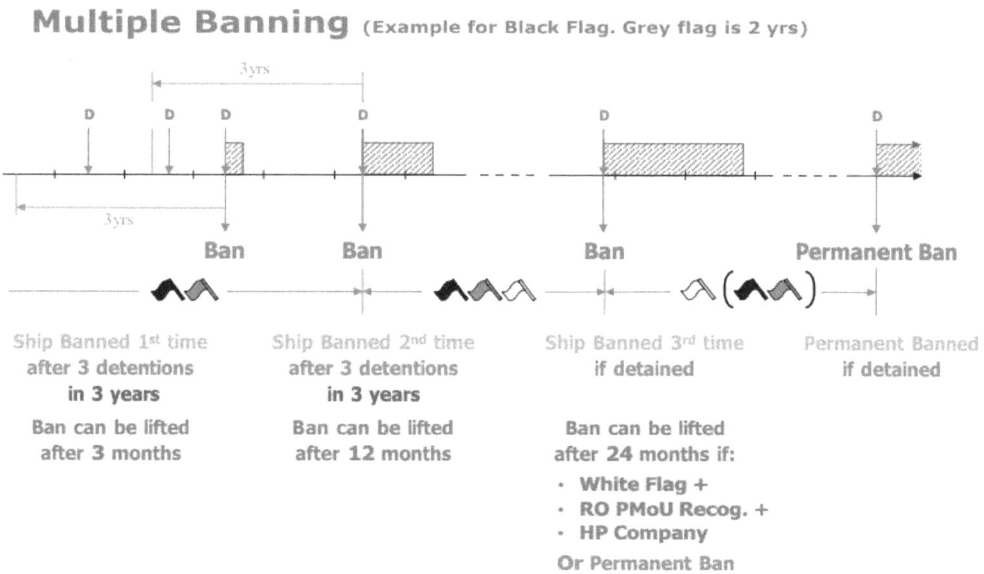

〈그림 4-8〉 Paris MoU의 출입 거부 정책 모식도

출입 거부를 해제하려면 선박(회사)은 출입 거부를 부과한 회원국의 항만 당국에 공식 요청서를 제출해야 한다. 이 요청은 해당 선박이 적용 가능한 국제 협약의 모든 규정을 완전히 준수한다는 것을 나타내는 문서와 선박이 선급협회에서 규정한 기준을 준수한다는 것을 나타내는 문서 등을 제시해야 한다.

4.3 항만국통제 점검 대상

4.3.1 새로운 방식의 점검 제도(NIR, New Inspection Regime)

기존 PSC 실시 대상 선박 선정 방식은 선박 표적 점검시스템(TF : Target Factor)을 이용하여 개별선박을 퇴출하는 방식이었다. 이 방식은 선박만을 대상으로 하여 안전관리의 주체인 선사의 안전 역량 평가가 부재하여 선사의 안전관리 수준을 개선하기에는 부족하였다.

이를 개선하기 위하여 부실 선사 소속 전체 선박에 대한 집중점검을 통하여 선사의 안전관리 역량 제고 없이는 운항이 불가하게 하여, 선사의 선박 안전관리 역량을 추가하여 개별선박 점검 주기를 결정하도록 하였다.

즉 안전관리가 부실한 선사의 소속 선박을 압박하여 선박회사의 안전관리 수준이 개선되도록 하기 위함인 것이다. 이를 위하여 2014년 1월 1일 부터 아·태지역 Tokyo MoU에서는 새로운 항만국통제 점검 대상 선박 선정방식(NIR, New Inspection Regime)이 실시되었다. 이 제도와 유사한 방식이 2011년 1월 1일부터 Paris MoU에서 실시되고 있었다.

NIR 방식의 평가 요소는 선박(선종, 선령, 점검 이력, 지적 결함수, 출항정지 여부), 회사(안전관리 역량), 국가(MAS 감사 여부, 국가안전 등급), 선급(역량, MOU 회원국 검사 수임 여부) 등 ISM 회사의 안전수준을 선박회사에 소속된 모든 선박의 평가에 반영하였다.

선박안전관리 평가지수(TF)		
선박의 위험도	평가방법	점검주기
초고위험 선박 (Very High)	선종, 선령, 국적, 선급, 선박점검이력 (출항정지, 결함 및 미시정 결함), 점검기간	6개월
고위험선박 (High)		
중간위험선박 (Medium)		
저위험선박 (Low)		

⇒

새로운 항만국통제 점검 대상선박 선정방식(NIR)		
선박의 위험도	평가방법	점검주기
고위험선박 (HRS)	선종, 선령, 국적, 선급, 선박 점검이력 (출항정지, 결함) 회사(ISM)의 안전수준*	2-4개월
표준위험선박 (SRS)		5-8개월
저위험선박 (LRS)		9-18개월

〈그림 4-9〉 Tokyo MoU의 항만국통제 점검 대상선박 선정 방식 비교

4.3.2 항만국통제 점검 주기

이러한 NIR 방식의 평가를 통하여 고위험선박(HRS, High Risk Ship), 표준위험선박(SRS,: Standard Risk Ship), 저위험선박(LRS, Low Risk Ship)의 세 등급으로 선박별 안전도를 평가하고 있으며, 선박안전도에 따라 점검 주기를 다르게 하여 점검토록 하고 있다.

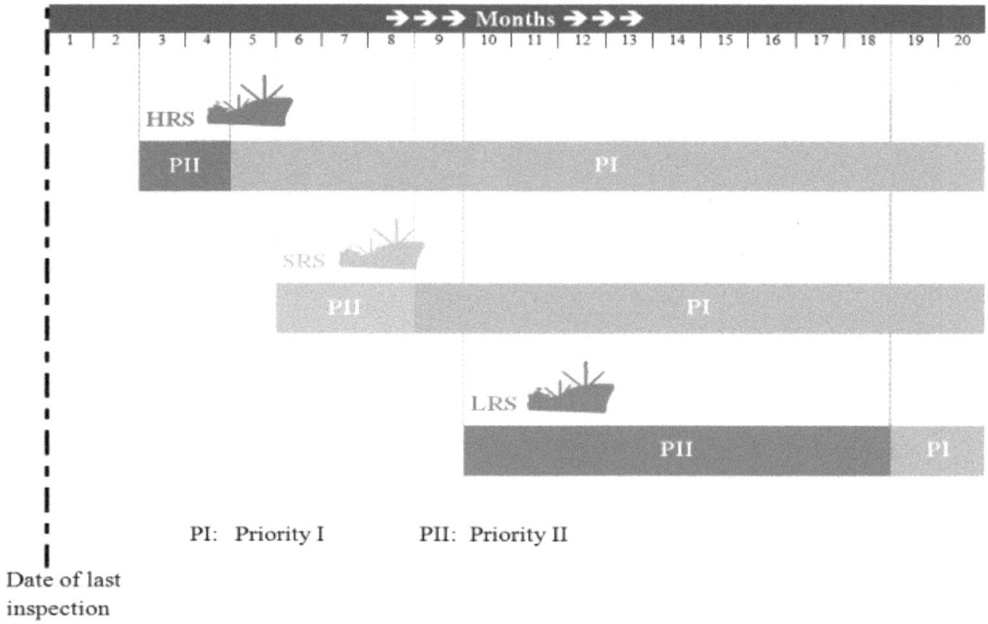

〈그림 4-10〉 선박 위험도에 따른 점검 주기

선박 점검 주기는 고위험선박은 평균 3개월, 표준위험선박은 평균 6개월, 저위험선박은 평균 12개월을 기준으로 하고 있다. 선박의 등급(위험도)에 기반하여 점검 대상 선박은 점검의 범위, 빈도 및 우선순위를 바탕으로 결정한다. 선박 등급(위험도)에 따른 간격으로 주기적으로 점검을 실시하고, time window 기간 이내(그림 4-10의 빨간색 영역)에 주기적인 점검이 완료되어야 한다.

여기서 Priority I에 해당하는 경우, 선박은 time window(HRS 선박의 경우 2~4개월)가 지났을 때 점검을 받아야 한다. Pariority II에 해당하는 경우, 만약 Priority I에 해당하는 점검 대상 선박이 없는 경우, 선박은 time window 기간에 있기에 점검을 받을 수 있음을 의미한다.

4.3.3 회사 성과(Company performance)의 중요성

NIR 방식에서 회사의 성과는 그 회사가 해당 선박의 안전관리(ISM) 회사의 임무를 담당하는 동안 회사에 소속된 모든 선박의 출항정지와 결함이력을 고려한다. 이를 통해 안전관리회사는은 "매우낮은, 낮은, 중간 또는 높은" 등급을 받게 된다.

안전관리회사의 성과를 평가하는 항목 중 결함지수의 경우, 특히 ISM 관련 결함은 5점의 가중치를 부여한다. 그 외 다른 결함들은 1점의 가중치를 부여한다.

결함지수는 지난 36개월 이내에 회사에 소속되어 있는 모든 선박의 결함수와 회사 선단에 있는 모든 선박의 점검 척수의 비율이다. 이 비율은 Tokyo MoU에서 지난 3년간 점검받은 모든 선박의 평균 결함지수와 비교하여 지수가 평균 이상인지 평균 이하인지 여부를 결정한다. 출항정지율도 최근 36개월간 아태지역 평균 출항정지율과 비교하여 3단계로 산정한다.

〈표 4-1〉 출항정지 및 결함 등급 산정방법

Deficiency Index	Deficiency ratio
Above average	〉 1 above Tokyo MoU average
Average	Tokyo MoU average +/-1
Below average	〉 1 below Tokyo MoU average

Detention Index	Detention rate
Above average	〉 1% above Tokyo MoU average
Average	Tokyo MoU average +/-1%
Below average	〉 1% below Tokyo MoU average

이에 따라 산정된 출항정지율 및 결함 지수 등급을 종합하여 회사의 안전수준을 다음과 같이 평가한다.

〈표 4-2〉 회사의 안전수준 평가 방법

<table>
<tr><th>Detention Indes</th><th>Detention Index</th><th>Company Performance</th></tr>
<tr><td>Above average</td><td>Above average</td><td>Very Low</td></tr>
<tr><td>Above average</td><td>Average</td><td rowspan="4">Low</td></tr>
<tr><td>Above average</td><td>Below average</td></tr>
<tr><td>Average</td><td>Above average</td></tr>
<tr><td>Below average</td><td>Above average</td></tr>
<tr><td>Average</td><td>Average</td><td rowspan="3">Medium</td></tr>
<tr><td>Average</td><td>Below average</td></tr>
<tr><td>Below average</td><td>Average</td></tr>
<tr><td>Below average</td><td>Below average</td><td>High</td></tr>
</table>

NIR 방식에서 저위험 선박(LRS)으로 평가받기 위해서는 선박 자체의 안전 관리뿐만 아니라 회사의 안전수준 평가도 중요하다. 회사에 소속된 모든 선박에 대한 철저한 안전 관리는 회사 평가에 중요하며, 특히 ISM 관련 결함 사항이 발생하지 않도록 대응이 필요하다. 아울러, 회사의 평가를 낮게 받을 경우 소속된 전 선박에 악영향을 미칠 수 있다는 점을 유념하여야 한다.

〈표 4-3〉 NIR 방식에 따른 위험도 산정 방법

Parameters		Profile			
		High Risk ship(HRS) (When sum of weighting points 〉=4)		Standard Risk Ship (SRS)	Low Risk Ship (LRS)
		Criteria	Weighting points	Criteria	Criteria
Type of Ship		Chemical tanker, Gas Carrier, Oil tanker, Bulk carrier, Passenger ship, Container ship	2	Neither LRS nor HRS	-
Age of ship		All types 〉 12y	1		-
Flag	BGW-list	Black	1		White
	IMO Audit	-	-		Yes
Recognized organization	RO of Tokyo MoU	-	-		Yes
	Performance	Low Very Low	1		High
Company performance		Low Very Low No inspection wihtin previous 36 months	2		High
Deficiencies	Number of deficiencies recorded in each inspection wihtin previous 36 months	How many inspections were there which recouded over 5 deficiencies?	No. of inspections which recorded over 5 deficiencies		All inspection have 5 or less deficiencies (at least one inspection within previous 36 months)
Detentions	Number of Detention wihtin previous 36 months	3 or more detentions	1		No detention

❖ Tokyo MoU의 NIR 방식에 기준하여, A사 소속 선박들이 36개월 동안 15회 PSC 점검을 받아 출항정지 2회, ISM결함 7개, 일반 결함 50개의 이력을 가진 경우 해당 회사의 안전수준 등급을 평가해 보자.

4.3.4 Paris MoU 점검 대상 선정 방식

유럽의 PSC 점검 이력에 대한 등급은 3년간 점검 척수 대비 출항정지 척수에 따라 3단계(White-Grey-Black List)로 구분한다. 선종, 선령 및 PSC 기국 점검 등급 등을 종합하여 개별선박의 위험도를 3단계로 구분하고 점검 주기를 다르게 적용한다.

Paris MOU는 개별선박의 위험도를 평가하여 차등적 PSC 점검을 하는 아·태지역과 동일한 제도를 이미 운용하고 있다. 선박의 위험도에 따라 점검 주기의 경우 저위험선박(Low Risk Ship)은 24~36개월, 표준위험선박(Standard Risk Ship)은 10~12개월, 고위험선박(High Risk Ship)은 5~6개월로 구분하여 점검주기를 적용한다.

선박 위험도는 선종, 선령, PSC 기국 점검 등급 등을 종합하여 산정하는데, 다만 저위험선박으로 분류되기 위해서는 기국의 점검 등급을 White 등급으로 유지할 필요가 있다.

4.3.5 미국의 점검 대상 선정 방식

미국은 관할지역 내에서 최근 3년간의 선박점검결과 등을 분석하여 매년 국가별 선박안전관리 등급을 발표하고 있다. 그중 우수국가를 Qualship21(Quality Shipping for 21st Century)로 지정하여 미국법령을 최고 수준으로 준수함으로써 안전에 가장 높게 헌신한 선박을 선정하여 점검완화 등 혜택을 부여한다.

Qualship21 지위를 상실하게 되면, 점검 주기 단축은 물론, 점검 강도 강화 등으로 인해 출항정지 발생 개연성이 높아질 수 있다. 이는 결국 운항·영업 활동 제한으로 선사에서는 비용이 증가하는 한편, 국가 신인도 하락 및 PSC 대응을 위한 선원 피로도도 증가하는 부정적 영향을 끼칠 수 있다.

2001년 1월부터 시행된 Qualship21의 자격을 획득하기 위해서는 선박은 최근 3년간 미국에서 출항정지 이력 및 심각한 해양사고 발생 이력 등이 없어야 한다.

한편, 미국은 2017년 7월부터 Qualship21에 등록된 선박이 2017년 7월 1일부터 Qualship 21 21 프로그램에 등록된 선박이 지난 3년간 전 세계적으로 MARPOL 협약에 따른 출항정지 이력이 없거나 미국항에서 MARPOL 관련 결함이 없는 등의 조건을 만족하면 E-Zero 지정을 신청할 수 있도록 하고 있다.

여객선의 경우 Qualship 21 자격만 획득하면 PSC 점검에 대한 혜택이 없으나 Qualship 및 E-Zero 선박으로 지정받게 되면 미국항에서 완화된 PSC 점검을 받을 수 있다.

4.4 항만국통제 점검 방법

4.4.1 일반 사항

관련 협약의 조항에 따라, 항만국 통제관은 자국 항만의 외국 선박에 대하여 점검을 수행할 수 있다. 이는 자국의 주도, 타 당사국의 제공된 선박 관련 정보·요청 및 선원, 전문단체, 협회나 선원과 승객 및 해양환경에 이해관계가 있는 단체로부터의 정보에 기반하여 이루어질 수도 있다.

항만국통제 점검을 위한 선박을 선택할 때 원칙적으로 NIR 방식에 따라 우선순위를 결정해야 한다.

추가로, 우리나라의 경우 「선박안전법」 제74조에 따라, 누구든지 선박의 감항성이나 안전설비의 결함을 발견한 경우 이를 해양수산부 장관에게 신고토록 하여 신고를 받은 때에는 소속 공무원으로 하여금 지체 없이 그 사실을 확인토록 하고 있다.

4.4.2 항만국통제 점검 종류

1) 초기 점검(Initial inspection)

일반적인 선박관리 상태에 대한 육안점검 외에 선박 명세, 선박에서 소지하여야 할 법정 증명서 및 서류의 유효성 등에 대한 서류점검을 실시한다. 이 경우, 선박의 종류에 따라 수십 종에 대한 서류의 유효성에 대한 점검을 실시하게 된다.

항만국통제관은 선박에 승선하기 전, 선박의 도장 상태, 부식 또는 점식 또는 수리되지 않은 손상과 같은 기본적인 유지에 관한 상태를 확인한다.

어떠한 협약의 조항이 적용되는지를 결정하기 위하여 가능한 한 빨리 선종, 건조연도, 선박의 크기를 확인하여야 한다. 선박에 승선하여 선박의 책임 사관 또는 선장과 만난 이후, 선박의 필수 문서와 증서를 점검한다.

서류와 증서를 확인하고 기관, 항해 선교, 선박의 선수갑판, 화물창/화물구역, 기관실, 도선사 구역을 포함한 선박의 전반적인 상태를 점검한다. 그리고 이전 항만국통제 점검에 의하여 시정된 사항에 대하여 눈에 띄는 결함이 있는지를 확인한다.

선박에 요구되는 증서가 유효하고, 선박의 유지 상태가 좋다고 확인된다면, 항만국 통제관은 관찰, 혹은 보고 되어진 결함의 점검만을 진행한다.

선박, 기관 또는 선원이 요구사항에 부합하지 않는다고 믿을만한 명백한 근거(clear ground)[50]가 있는 경우 항만국통제관은 상세 점검(more detailed inspection)을 시행한다.

---

50) Tokyo 명백한 근거(Clear ground):: 선박, 설비 및 선원 등이 관련 규정의 요구사항과 실질적으로 부합하지 않거나, 선장 또는 선원이 선박의 안전 또는 해양오염 방지와 필수 선박 운용 절차에 친숙하지 않은 증거

2) 상세 점검(More detailed inspection)

상세 점검은 앞서 초기 점검에서 명백한 근거가 있을 때 시행하는 점검이다.

유효한 증서를 소지하지 않거나, 일반적인 인상이나 관찰 결과 선박이나 설비의 상태가 증서의 기재 사항과 상당히 일치하지 않거나, 선장이나 선원이 필수적인 선상 절차에 익숙하지 않다고 여겨지는 명백한 근거가 있는 경우, 상세 점검을 시행한다.

상세 점검에서는 단순한 육안 점검 및 서류 점검 수준을 벗어나, 구명 훈련 및 소방 훈련 상태, 거주 구역의 청결상태, 식품 관리상태 및 주방의 청결 상태, 구명설비의 정비 수준 및 작동 능력 시험, 소방설비의 정비 수준 및 작동 능력 시험 등을 시행한다.

또한, 침수 방지 및 안전성 확보 등을 위한 선체 구조, 기관 및 기계의 관리상태, 선박 계류시설의 상태, 항해장 비의 상태, 무선설비의 상태, 사고 예방설비의 유지관리 및 작동 능력 시험, 해양오염 방지설비 상태 등에 대한 점검을 실시한다.

❖ 다음 사항에 대하여 논의해 봅시다.

1) 협약 비당사국 선박(Ship of non-parties)에 대한 항만국통제 방안에 대해 논의해 보자.
2) 협약 미적용 선박(Ship's below convention size)에 대한 항만국통제 방안에 대해 논의해 보자.
3) 항만국통제 결과 Outstanding deficiency의 개념 및 해결방안에 대해 논의해 보자.

4.4.3 항만국통제 점검 절차

항만국통제관은 모든 직무를 수행하면서 전문적 판단(professional judgement)을 하며 적절하다고 간주되는 이들에게 자문을 구하는 것을 고려해야 한다.

항만국통제관은 선박에 승선하여 선장이나 선주 대표의 요구가 있을 경우 신분증을 제시한다. 항만국통제 점검이 신고 또는 불만 특히 선원의 정보제공에 의해 시작한 경우, 정보의 출처는 비밀에 부친다.

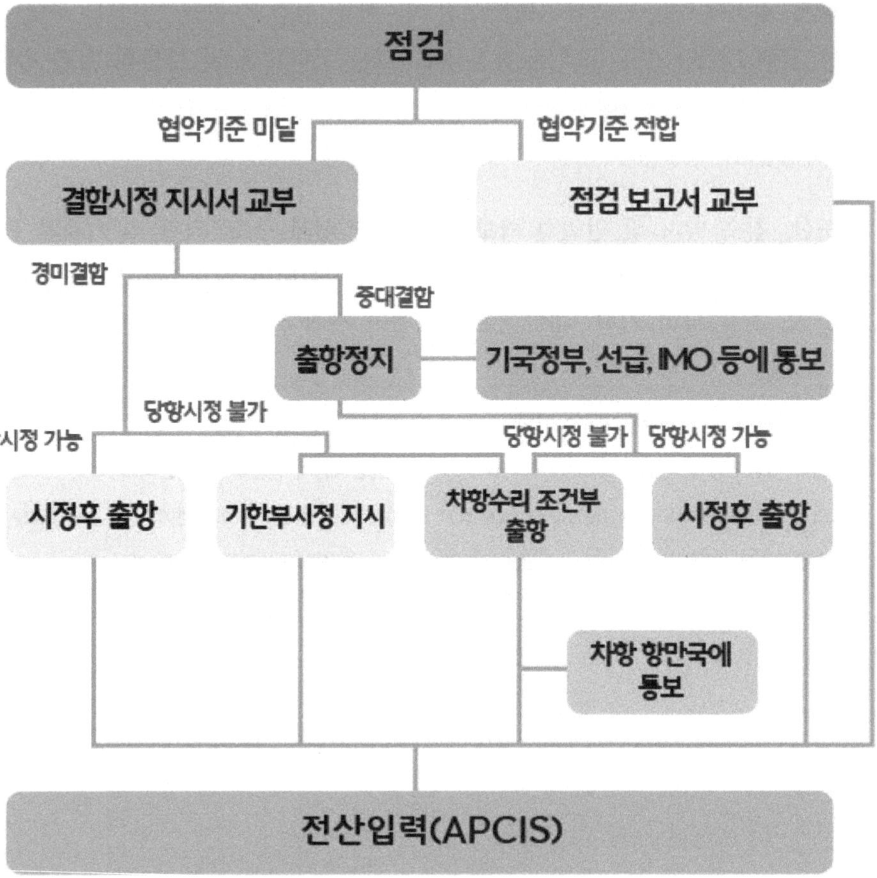

〈그림 4-11〉 항만국통제 절차

항만국통제를 실시할 때, 선박의 부당한 억류나 지연을 방지하기 위해 가능한 모든 노력을 하여야 한다. 항만국통제의 주요 목적은 안전하지 않거나 해양환경에 부당한 위해를 끼치는 선박의 항해를 방지하기 위한 것이다.

항만국통제관은 결함을 시정할 때까지 선박을 출항 정지할 것인지 또는 계획된 항해의 세부 조건을 고려하여 특정 결함들을 가진 채 항해에 대한 허가 여부를 전문적으로 판단해야 한다.

모든 장비는 고장 날 수 있으며 예비품 또는 대체품이 즉시 준비가 되지 않을 수 있음을 인식해야 한다. 이러한 경우 항만국통제관의 판단에 따라, 안전한 대안적 준비가 마련되어 있다면 항해를 부당하게 지연시키지 않아야 한다.

출항정지 근거가 선박에서 발생한 우발적 사고의 결과이고 ① 관련 증서를 발급한 책임이 있는 기국정부, 검사원 또는 RO(Recognized organization)에게 통지에 관한 협약 요구사항에 적절한 주의가 이루어진 경우, ② 입항 전, 선장 또는 회사는 기국정부 통보에 필요한 자세한 사고 상황, 손상 정도와 정보를 항만당국에 제출한 경우, ③ 항만당국이 만족할 만한 적절한 개선조치가 선박 자체적으로 시행되고 있는 경우, ④ 항만당국은 개선조치 완료에 대한 통보를 받아 안전, 건강 또는 환경에 명백하게 해를 끼치는 결함이 수정되었음을 확인한 경우 등을 만족한다면 출항정지 처분을 할 수 없다.

선박의 출항정지는 많은 분쟁을 야기할 수 있는 중대한 사안이기 때문에, 다른 이해 당사자와 협력하는 것이 항만국통제관에게 최선일 수 있다. 예를 들어, 항만국통제관은 선주 대표에게 그 상황을 시정할 수 있는 방안을 제시하도록 요청할 수 있다.

항만국통제관은 관련 증서를 발급할 의무가 있는 인정단체 또는 기국정부 대리자와의 협력과, 선주 제안의 수용과 가능한 추가적인 요구사항에 관하여 그들에게 조언하는 것을 고려해야 한다.

점검을 받은 항구에서 결함이 시정될 수 없다면, 항만국통제관은 적절한 상태를 고려하여 다른 항구로의 항해를 허락할 수 있다. 이러한 경우에 항만국통제관은 결정권이 있는 차항 당국과 기국에 반드시 통보되도록 해야 한다.

기국에 제출하는 출항정지 보고서는 출항정지를 야기하는 심각성을 평가할 수 있도록 충분히 상세하게 작성되어야 한다.

회사 또는 그 대표는 항만당국에 의한 출항정지에 대하여 이의를 제기할 권리가 있다. 이 이의신청은 출항정지를 유예되도록 할 수 없다. 항만국통제관은 선장에게 이의신청에 대한 권리가 있다는 것을 적절하게 알려야 한다.

> ❖ Tokyo MoU 홈페이지 등을 활용하여 우리나라를 포함한 Tokyo MoU 회원국들의 항만국통제 이의 제기 절차에 대해 알아보자.

협약요건에 따른
항만국통제 주요 점검 사항

5

5.1 선박의 증서(Certificate)

선박의 증서는 해당 선박이 IMO의 요건을 준수함을 나타내고 운항 조건, 선원 요건 및 선박 설비 요건 등을 상세히 기재하여 주관청 등에 의해 발급된 문서를 말한다.

모든 선박은 국제협약에서 요구하고 있는 관련 증서와 서류를 본선에 비치하여야 한다. 항만국통제 활동은 이러한 증서와 서류의 점검에서 시작되고 관련 협약에서 요구하는 최소 기준의 충족 여부를 판단하는 중요한 기준으로 삼고 있다. 비협약국의 국기를 게양하는 선박이 협약에서 요구하는 증서를 소지하지 않은 경우 등을 제외하고, 관련 협약에서 요구하는 유효한 증서의 부재는 선박의 출항 정지를 보장할 수 있다.

〈표 5-1〉 선박에 비치해야 할 주요 증서 목록

구분	증서 목록
1	Cargo Ship Safety Equipment Certificate
2	Cargo Ship Safety Construction Certificate
3	Passenger Ship Safety Certificate
4	Cargo Ship Safety Radio Certificate
5	Cargo Ship Safety Certificate
6	Document of Compliance (DoC/ ISM)
7	Safety Management Certificate (SMC/ ISM)
8	International Load Line Certificate
9	International Certificate of Fitness for the Carriage of Liquefied Gases in Bulk
10	Minimum Safe Manning Document

구분	증서 목록
11	International Certificate of Fitness for the Carriage of Dangerous Chemicals in Bulk
12	International Oil Pollution Prevention Certificate
13	International Pollution Prevention Certificate for the Carriage of Noxious Liquid Substances in Bulk
14	International Sewage Pollution Prevention Certificate
15	International Ship Security Certificate
16	International Air Pollution Prevention Certificate
17	International Anti-fouling-System Certificate
18	International Tonnage Certificate
19	International Ballast Water Management Certificate
20	International Energy Efficiency Certificate
21	Maritime Labour Certificate

5.1.1 화물선안전설비증서 (SE, Cargo Ship Safety Equipment Certificate)

국제항해에 종사하는 총톤수 500톤 이상의 화물선의 구명설비 및 기타설비에 대해 협약(SOLAS 제2-1장, 제2-2장 및 제3장 및 제5장 및 적용 가능 한 경우 국제해상충돌예방규칙)에서 요구하는 설비가 관련 협약의 요건에 적합하고, 만족할 만한 상태에 있고, 선박의 용도에 적합하다는 것에 대한 확인 검사 후 발급하며 최초 또는 정기검사 후 설비기록부(Form E)가 추록으로 첨부된다.

(가) 주요 점검 항목으로는 ① 증서의 유효기간 및 증서 기재 사항 오류 여부, ② 증서상에 기재된 설비 수량이 실제 본선의 보유 현황과 일치하는지, ③ 구명설비가 제공되는 총인원이 본선의 승선 인원 대비 충분한 수량인지 등이 있다. 특히 선박의 승선 인원 대비 충분한 수량의 구명설비가 제공되었는지 확인은 중요하다.

RECORD OF EQUIPMENT FOR CARGO SHIP SAFETY
(FORM E)

RECORD OF EQUIPMENT FOR COMPLIANCE WITH
THE INTERNATIONAL CONVENTION FOR THE SAFETY OF LIFE AT SEA, 1974, AS AMENDED

1. PARTICULARS OF SHIP

Name of ship ______________________

Distinctive number or letters ______________________

2. DETAILS OF LIFE-SAVING APPLIANCES

No	Item	Actual Provision	
1	Total number of persons for which life-saving appliances are provided	**30**	
		Port side	Starb'd side
2	Total number of davit launched lifeboats	**1**	**1**
2.1	Total number of persons accommodated by them	**30**	**30**
2.2	Number of self-righting partially enclosed lifeboats (regulation III/43[1])	-	-
2.3	Number of totally enclosed lifeboats (regulation III/31 and LSA Code section 4.6)	1	1
2.4	Number of lifeboats with a self-contained air support system (regulation III/31 and LSA Code section 4.8)	-	-
2.5	Number of fire-protected lifeboats (regulation III/31 and LSA Code section 4.9)	-	-
2.6	Other lifeboats		

〈그림 5-1〉 화물선안전설비증서 설비기록부(Form E) 점검 사진

(나) 관련 규정은 국제협약은 SOLAS 1988 Amend/Chapter I/Regulation('이하 Reg. 이라 한다) 12, 13, 14 등을 참조하고, 국내법은 선박안전법 제12조 등을 참조한다.

5.1.2 화물선안전구조증서 (SC, Cargo Ship Safety Construction Certificate)

국제항해에 종사하는 총톤수 500톤 이상의 화물선의 선체·기관 및 설비(SE, SR 포함 사항은 제외)에 대해서 소화설비 및 화재 제어도에 관한 요건을 제외한 SOLAS 제2-1장 및 제2-2장의 적용 가능한 요건의 적합 여부에 대한 확인검사 후 발급한다.

2. That the survey showed that:
   .1 the condition of the structure, machinery and equipment as defined in the above Regulation was satisfactory and the ship complied with the relevant requirements of Chapters II - 1 and II - 2 of the Convention (other than those relating to fire safety systems and appliances and fire control plans.);
   .2 ~~the ship complied with part G of chapter II-1 of the Convention using as fuel~~[1]/N.A[1].

3. That the last two inspections of the outside of the ship's bottom took place on **24 May 2017** and **21 April 2016**

4. That an Exemption Certificate ~~has~~[1] / has not[1] been issued;

5. The ship ~~was~~[1] / was not[1] subjected to an alternative design and arrangements in pursuance of regulation II-1/55[1] / II-2/17[1] of the Convention;

6. A document of approval of alternative design and arrangements for machinery and electrical installations[1] / fire protection[1] ~~is~~[1] / is not[1] appended to this Certificate.

This certificate is valid until **18 June 2023**[2] subject to the annual and intermediate surveys and inspections of the outside of the ship's bottom in accordance with Regulation I/10 of the Convention.

Completion date of the survey on which this certificate is based: **11 May 2018**

Issued at **Gamcheon** on **31 May 2021**

〈그림 5-2〉 화물선안전구조증서(선저 외판검사 기재) 점검 사진

(가) 주요 점검 항목으로는, ① 증서의 유효기간, ② 증서 기재 사항 오류(용골 거치일) 여부 등이 있다. 특히 SC 증서의 경우 협약 적용이 기준이 되는 용골 거치일(keel laid)의 오기 여부를 명확히 확인하여야 하며, 선저외판 검사의 표기 및 기한 초과 여부 등을 확인하여야 한다.

(나) 관련 규정은 국제협약은 SOLAS 1988 Amend/Chapter I/Reg. 12, 13, 14 등을 참조하고, 국내법은 선박안전법 제12조 등을 참조한다.

5.1.3 여객선안전증서(PS, Passenger Ship Safety)

국제항해에 종사하는 여객선에 대해 SOLAS 제2-1장, 제2-2장, 3장, 4장 및 5장 의 관련규칙의 적용 가능한 요건의 적합여부에 대한 확인검사 후 발급하는 증서로 그 유효기간은 12개월을 초과하지 않으며, 여객선에 대한 설비기록부(Form P)가 추록으로 첨부된다.

5.1.4 화물선안전무선증서(SR, Cargo Ship Safety Radio Certificate)

국제항해에 종사하는 총톤수 300톤 이상의 화물선을 대상으로 SOLAS 제3장과 제4장의 규정이 적용되는 구명설비에 사용되는 것을 포함한 무선설비에 대해 관련 요건의 적합 여부에 대한 확인검사 후 발급하는 증서이며 최초검사 또는 정기검사 후 설비기록부(Form R)가 첨부된다.

(가) 주요 점검 항목으로는 ① 증서의 유효기간, ② 증서 기재 사항 오류(설비의 수량 등) 여부, ③ 항행 구역에 따른 무선 설비의 요구사항 충족 여부 등이 있다. 또한 항행구역(A1~A3)에 따라 무선 설비의 이용 가능성을 확보하기 위하여 사용되는 방법들이 적합하게 적용되었는지 확인한다.

(나) 관련 규정은 국제협약은 SOLAS 1988 Amend/Chapter I/Reg. 12, 13, 14 등을 참조하고, 국내법은 선박안전법 제12조 등을 참조한다.

2. DETAILS OF RADIO FACILITIES(Continued)

4	Satellite EPIRB	
4.1	COSPAS-SARSAT	**Fitted**
5	VHF EPIRB	-
6	Ship's search and rescue locating device	**2 Set(s)**
6.1	Radar search and rescue transponder (SART)	**2 Set(s)**
6.2	AIS search and rescue transmitter (AIS-SART)	-

3. METHODS USED TO ENSURE AVAILABILITY OF RADIO FACILITIES (REGULATION IV/15.6 AND 15.7)

3.1 Duplication of equipment **YES** (VHF, ~~MF~~, ~~MF/HF~~, RMSS SES)[1]

3.2 Shore-based maintenance **YES**

3.3 At-sea maintenance capability -

<그림 5-3> 화물선안전무선증서에 대한 설비기록부(양식 R) 점검 사진

5.1.5 화물선안전증서(SS, Cargo Ship Safety)

SOLAS 제2-1장과 제2-2장, 제3장, 제4장 및 제5장의 요건과 기타 규칙의 관련 요건에 따르는 화물선에 대하여 최초검사 또는 정기검사 후 SC, SE, SR증서 대신에 발급할 수 있으며 동 증서들에서 요구되는 설비기록부의 내용을 추록으로 첨부하여야 한다.

5.1.6 안전관리적합증서(DOC, Document of Compliance) 및 선박안전관리증서(SMC, Safety Management Certificate)

선박의 안전운항과 환경보호를 목적으로 국제해사기구에서 결의한 해운회사의 안전경영시스템(SMS, Safety Management System)에 관한 국제적 표준규격인 ISM Code요건에 대해 해운회사를 대상으로 그 적합 여부를 심사한 후 발급되는 증서로 국제항해에 종사하는 여객선 및 총톤수 500톤 이상 화물선은 반드시 DOC를 소지한 회사에 의해 운항되어야 하며 동 증서의 사본이 본선에 비치되어야 한다.

또한, 선박은 국제적 표준규격인 ISM Code 요건에 대해 당해 선박을 대상으로 그 적합 여부를 심사한 후 반드시 DOC 사본과 함께 SMC 증서의 원본을 본선에 비치하여야 한다.

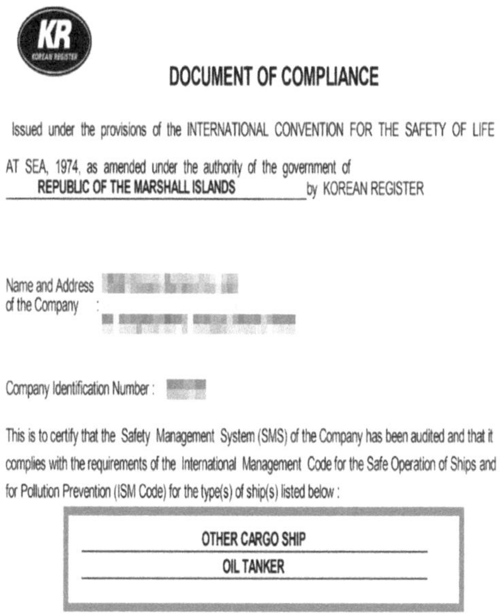

DOCUMENT OF COMPLIANCE

Issued under the provisions of the INTERNATIONAL CONVENTION FOR THE SAFETY OF LIFE AT SEA, 1974, as amended under the authority of the government of REPUBLIC OF THE MARSHALL ISLANDS by KOREAN REGISTER

Name and Address of the Company :

Company Identification Number :

This is to certify that the Safety Management System (SMS) of the Company has been audited and that it complies with the requirements of the International Management Code for the Safe Operation of Ships and for Pollution Prevention (ISM Code) for the type(s) of ship(s) listed below :

OTHER CARGO SHIP

OIL TANKER

SAFETY MANAGEMENT CERTIFICATE

Issued under the provisions of the INTERNATIONAL CONVENTION FOR THE SAFETY OF LIFE AT SEA, 1974, as amended under the authority of the Government of

THE REPUBLIC OF THE MARSHALL ISLANDS

by

Particulars of Ship

Name of Ship:

Distinctive Number or Letters:

Port of Registry:

Type of Ship[1] : Other cargo ship

Gross Tonnage:

IMO Number:

Particulars of Company [2]

Company Name:

Company Address:

Company Identification Number:

This is to certify:

that the safety management system of the ship has been audited and that it complies with the requirements of the International Management Code for the Safe Operation of Ships and for Pollution Prevention (ISM Code), following verification that the Document of Compliance for the Company is applicable to this type of ship.

This Safety Management Certificate is valid until **2022-09-18**, subject to periodical verification and the validity of the Document of Compliance remaining valid.

Completion date of audit on which this Certificate is based: **2017-09-18**

〈그림 5-4〉 안전관리적합증서 및 선박안전관리증서 점검 사진

(가) 주요 점검 항목으로는 ① 증서의 유효기간, 증서 기재 사항 오류 여부, ② DOC 사본 비치, ③ SMC 원본 비치 등이 있다. 또한 DOC 및 SMC 증서에 기재된 선명, 선종 등이 상이한 경우도 있으니 증서에 대한 교차 확인이 필요하다.

(나) 관련 규정은 국제협약은 DOC의 경우 SOLAS 1999/2000 amend/Chapter IX/Reg. 4, 6 등을 참조하고, 국내법은 해사안전법 제49조 등을 참조한다.

5.1.7 국제만재흘수선증서(LL, International Load Line Certificate)

국제항해에 종사하는 선박의 적재에 관한 통일된 원칙과 규정을 설정한 국제만재흘수선협약(ILL : International Convention on Load Line, 1966)의 관련 요건의 충족여부에 대한 확인 검사 후 발급되는 증서로 선박의 톤수에 관계없이 길이 24미터 이상의 국제항해종사선박은 동 증서를 소지하고 운항하여야 한다.

Freeboard assigned as

[X] A new ship   [-] An existing ship

Type of Ship

[-] Type 'A'   [X] Type 'B'   [-] Type 'B' with reduced freeboard   [-] Type 'B' with increased freeboard

	Freeboard from deck line[1]		**Load Line**[1]	
Tropical	**4,514**	mm(T)	**281**	mm above(S)
Summer	**4,795**	mm(S)	Upper edge of line through centre of ring	
Winter	**5,076**	mm(W)	**281**	mm below(S)
Winter North Atlantic	**5,076**	mm(WNA)	**281**	mm below(S)
Timber Tropical	-	mm(LT)	-	mm above(LS)
Timber Summer	-	mm(LS)	-	mm above(S)
Timber Winter	-	mm(LW)	-	mm below(LS)
Timber Winter North Atlantic	-	mm (LWNA)	-	mm below(LS)

Allowance for fresh water for all freeboards other than timber ___**260**___ mm.
For timber freeboards ___**-**___ mm.
The upper edge of the deck line from which these freeboards are measure is ___**0**___ mm
___**below the top of the steel 2nd**___ deck at side.

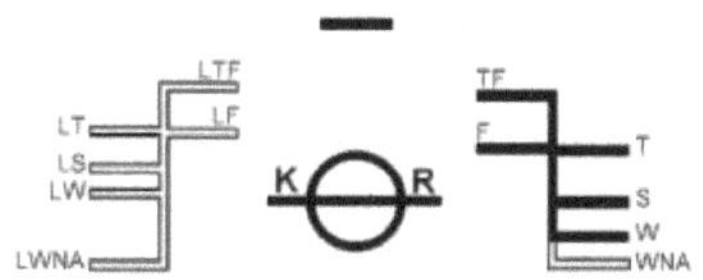

〈그림 5-5〉 국제만재흘수선증서 점검 사진

(가) 주요 점검 항목으로는 ① 증서의 유효기간 경과 여부, ② 증서 기재 사항 오류, ③ 실제 갑판선(Deck Line)의 위치와 증서상의 위치와 일치하는지, ④ 증서상의 Load line의 표시와 실제 선박 양현의 표시가 상이하지는 않는지 등이 있다.

(나) 관련 규정은 국제협약은 ICLL 1988 Protocol/ANNEX A/Article 16을 참조하고, 국내법은 선박안전법 제12조 등을 참조한다.

5.1.8 국제액화가스산적운송적합증서(IGC, International certificate of fitness for the carriage of liquefied Gases in bulk)

액화가스를 산적 운송하는 선박의 구조 및 설비에 관한 국제규약의 관련규정을 만족하는 국제항해에 종사하는 가스운반선에 대해 최초 또는 갱신검사 후에 발급되는 적합증서로 5년을 초과하지 않는 범위 내에서 주관청이 정한 유효기간으로 발급되며 선박의 톤수에 상관없이 37.8℃의 온도에서 증기압력이 절대압력 2.8bar를 넘는 액화가스 및 동 Code의 제19장에서 정하는 기타 제품을 산적으로 운송하는 선박에 적용한다. 용골거치일이 1986년 7월 1일 이후 선박에 적용한다.

5.1.9 승무정원증서(MSMC, Minimum Safe Manning Document)

당사국 정부는 자국의 선박에 대해서 모든 선박이 해상에서 인명안전의 측면에서 충분하게, 또 유효한 인원 배치를 확보하기 위한 조치를 유지하고 있음을 나타내는 증서로서 SOLAS 제1장이 적용되는 모든 선박에는 그러한 증거로서 주관청이 발급한 적절한 안전인원배치서류 또는 그와 동등한 서류를 비치하여야 하며 본선에 승선 중인 선원의 구성이 동 증서상 요구하고 있는 최소기준 선원의 구성을 만족하지 못할 경우 중대 결함으로 간주될 수 있다.

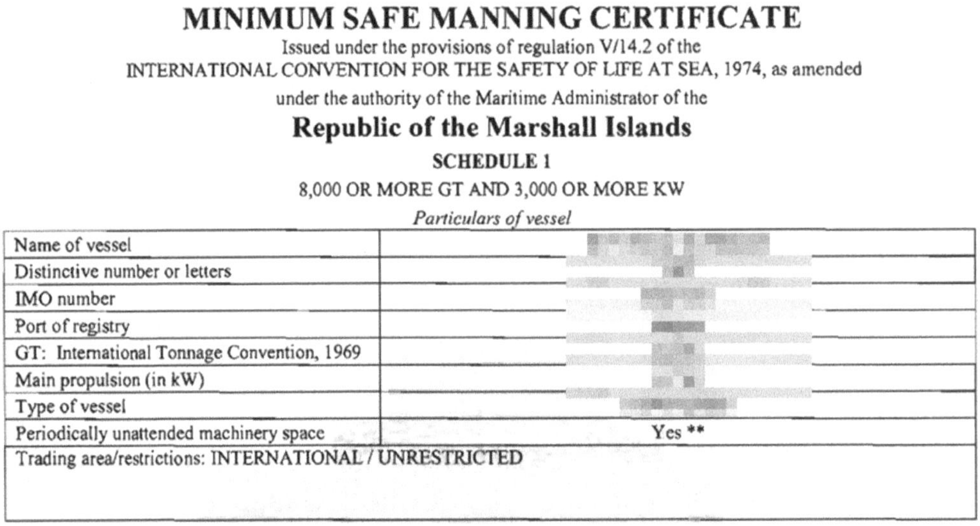

MINIMUM SAFE MANNING CERTIFICATE

Issued under the provisions of regulation V/14.2 of the
INTERNATIONAL CONVENTION FOR THE SAFETY OF LIFE AT SEA, 1974, as amended
under the authority of the Maritime Administrator of the

Republic of the Marshall Islands

SCHEDULE 1

8,000 OR MORE GT AND 3,000 OR MORE KW

Particulars of vessel

Name of vessel	[illegible]
Distinctive number or letters	[illegible]
IMO number	[illegible]
Port of registry	[illegible]
GT: International Tonnage Convention, 1969	[illegible]
Main propulsion (in kW)	[illegible]
Type of vessel	[illegible]
Periodically unattended machinery space	Yes **
Trading area/restrictions: INTERNATIONAL / UNRESTRICTED	

〈그림 5-6〉 승무정원증서 점검 사진

(가) 주요 점검 항목으로는 ① 증서의 기재 사항, ② 증서상 기재된 승무원의 자격요건이 실제 본선에 근무하는 승무원의 자격 요건과 일치하는지 등이 있다. 승무정원증서에서는 기관실의 무인화 선박 여부도 확인할 수 있다.

(나) 관련 규정은 국제협약은 SOLAS 2000 Amend/Chapter V/Reg. 14 등을 참조하고, 국내법은 선원법 제65조 등을 참조한다.

5.1.10 국제위험화학품산적운송적합증서(IBC, International certificate of fitness for the carriage of dangerous chemicals in bulk)

위험화학품을 산적운송하는 선박의 구조 및 설비에 관한 국제규약(International Code for the Construction and Equipment of Ships Carrying Dangerous Chemicals in Bulk)의 관련 규정을 만족하는 석유 및 동등한 종류의 제품을 제외한 위험·유독 액체화확품을 운송하는 모든 선박에 발급되는 적합 증서이다. 용골거치일이 1986년 7월 1일 이후 케미칼 탱커에 적용한다.

5.1.11 국제기름오염방지증서 (IOPP, International Oil Pollution Prevention certificate)

MARPOL73/78 협약의 타 당사국의 관할권 하에 있는 항구 또는 해양터미널로 항해하는 총톤수 150톤 이상의 유탱커 및 총톤수 400톤 이상의 유탱커 이외의 모든 선박은 동 협약에서 요구하는 국제기름오염방지증서(IOPP)를 소지하여야 하며 이러한 IOPP증서에는 구조 및 설비기록부가 추록으로 첨부되어야 한다. 추록은 유탱커 이외의 선박용 Form A 및 유탱커 선박용 Form B가 있다.

(가) 주요 점검 항목으로는 ① 증서의 유효기간 경과 여부, ② 증서 기재 사항 확인, ③ 증서상의 기재 사항과 실제 본선의 현황이 일치하는지 등이 있다. 해당 증서 추록에 기재된 각종 설비의 상세 사항이 실제 선박에 설치된 설비와 일치하는지를 확인하는 것은 중요하다.

(나) 관련 규정은 국제협약은 MARPOL 2013 Amend/Annex I/Reg. 6 등을 참조하고, 국내법은 해양환경관리법 제55조 등을 참조한다.

2.5.2 The ship is fitted with holding tank(s) for the total retention on board of all oily bilge water as follows: .... [-]

Tank Identification	Tank Location		Volume (m^3)
	Frames from ~ to	Lateral Position	
			Total Volume m^3

2A.1 The ship is required to be constructed according to regulation 12A and complies with the requirements of :

Paragraphs 6 and either 7 or 8 (double hull construction) .... [-]

Paragraphs 11 (accidental oil fuel outflow performance) .... [-]

2A.2 The ship is not required to comply with the requirements of regulation 12A .... [X]

3. Means for retention and disposal of oil residues (sludge) (regulation 12) and oily bilge water holding tank(s)[1]

3.1 The ship is provided with oil residue(sludge) tanks for retention of oil residues(sludge) on board as follows:

Tank Identification	Tank Location		Volume (m^3)
	Frames from ~ to	Lateral Position	
SLUDGE TANK	29-44	PORT(4TH DECK)	43.40
OILY BILGE TANK	23-26	CERTER(D/B)	128.50
INCINERATOR W.O SETT. TANK	35-36	PORT(A-DECK)	3.13
INCINERATOR W.O SERV. TANK	36-37	PORT(A-DECK)	3.13
M/E SCAV. AIR BOX DRAIN TANK	27-28	PORT(FLOOR-DK)	1.22
			Total Volume

〈그림 5-7〉 국제기름오염방지증서 추록(Form A) 점검 사진

5.1.12 국제오수오염방지증서(ISPP, International Sewage Pollution Prevention certificate)

MARPOL 부속서 Ⅳ는 선박 운용 중에 발생하는 분뇨의 배출을 규제하고 있다. 분뇨는 모든 형태의 화장실이나 소변소로부터 나오는 배출물과 쓰레기, 의무실, 병실 등의 의료구역의 세면기, 세탁통 및 배수구를 통하여 나오는 배출물 및 이들 배출물과 혼합된 폐수 등을 포함한다. 총톤수 400톤 이상의 새로 건조된 선박이나 15인 이상의 탑재가 보증된 400톤 미만의 신조선 등 일정 규모의 선박에 대해 적용된다.

Particulars of ship

Name of Ship	[illegible]
Distinctive Number or Letters	[illegible]
Port of Registry	[illegible]
Gross Tonnage	[illegible]
Number of persons which the ship is certified to carry	30
IMO Number	[illegible]

[1]1.1 Description of the sewage treatment plant :

Type of sewage treatment plant ; **AEROB-18, BIOLOGICAL TYPE**

Name of manufacturer ; **JONGHAP MACHINERY CO., LTD**

The sewage treatment plant is certified by the Administration to meet the effluent standards as provided for in resolution MEPC.2(VI).

[1]~~1.2 Description of comminuter :~~

Type of the system ; **N/A**

Name of manufacturer ; **N/A**

Standard of sewage after disinfection ; **N/A**

[1]1.3 Description of holding tank :

Total capacity of the holding tank ; **4.86** (m^3)

Location ; **FRAME NO.51-54, STB'D SIDE, 3RD DECK IN E/R**

〈그림 5-8〉 국제오수오염방지증서 점검 사진

(가) 주요 점검 항목으로는 ① 증서의 유효기간 경과 여부, ② 증서 기재 사항, ③ 본선의 승선 인원이 증서상의 기재된 최대승선인원을 초과하는지 등이 있다. 추가로, 증서에 기재되지 않은 저장탱크를 사용하여 미처리된 오수를 사용하지 않는지를 확인한다.

(나) 관련 규정은 국제협약은 MARPOL 2003/2004 Amend/Annex IV/Reg. 5 등을 참조하고, 국내법은 해양환경관리법 제55조 등을 참조한다.

5.1.13 국제대기오염방지증서(IAPP, International Air Pollution Prevention certificate)

400톤 이상의 국제항해선박과 플랫폼, 시추선에 대하여 최초 또는 정기검사를 한 후 주관청 또는 대행기관에 의해 발급된다. 오존층 파괴물질의 사용 금지, 배기가스 중에 포함된 황산화물(SOx, Sulfur Oxides)과 질소산화물(NOx, Nitrogen Oxides)의 배출 감소 등 배기가스 외에도 휘발성 유기화합물(VOCs, Volatile Organic Compounds) 등의 배출규제뿐만 아니라 선박에서 발생하는 쓰레기에 대해서도 소각을 금지하는 등의 대기오염 방지를 위한 조치를 도입하였다.

〈그림 5-9〉 국제대기오염방지증서 추록(동등물에 대한 기재)

System or Equipment	Equivalent used
EGCS SOx Scruber fitted to Main engine and Generator Engine No 1,2,3,4 and Boiler	Exhaust Gas Cleaning (EGC) System in accordance with MEPC.259(68), 2015 Guideline

(가) 주요 점검 항목으로는 ① 증서의 유효기간 경과, ② 증서 기재 사항, ③ 증서상의 기재 사항과 실제 본선의 현황이 일치하는지 등이 있다. 항만국통제관은 추록에 기재된 각종 설비의 상세 사항이 실제 선박에 설치된 설비와 일치하는지 여부를 확인하는 것이 중요하다. 선박에서 새로운 장비 도입 시 오존층파괴물질 여부를 확인하고, 선내 소각기의 경우 증서상에 기재된 타입에 따라 적절하게 운용되도록 하여야 한다.

(나) 관련 규정은 국제협약은 MARPOL 2021 Amend/Annex VI/Reg. 6 등을 참조하고, 국내법은 해양환경관리법 제55조 등을 참조한다.

5.1.14 국제선박보안증서 (ISSC, International Ship Security Certificate)

국제항해에 종사하는 모든 여객선, 총톤수 500톤 이상의 화물선 등의 국제항해선박소유자는 그가 소유하거나 관리·운영하는 개별 국제항해선박에 대하여 선박보안계획서에 따른 조치 등을 적정하게 시행하고 있는지를 확인받기 위하여 보안심사받아야 한다. 보안심사에 합격한 선박에 대하여 국제선박보안증서를 교부한다.

5.1.15 선박평형수관리설비검사증서(IBWMC, International Ballast Water Management Certificate)

국제항해에 종사하는 총톤수 400톤 이상 선박의 소유자는 선박평형수관리설비를 선박에 최초로 설치하여 항해에 사용하거나 유효기간이 끝난 경우에는 정기검사를 받아야 한다. 정기검사에 합격한 선박에 대하여 선박평형수관리설비검사증서를 발급한다.

INTERNATIONAL BALLAST WATER MANAGEMENT CONVENTION CERTIFICATE

KR KOREAN REGISTER

REPUBLIC OF THE MARSHALL ISLANDS

Issued under the provisions of the International Convention for the Control and Management of Ships` Ballast Water and Sediments (hereinafter referred to as "the Convention") under the authority of the Government of **REPUBLIC OF THE MARSHALL ISLANDS** by Korean Register.

Particulars of ship

Name of Ship	
Distinctive Number or Letters	
Port of Registry	
Gross Tonnage	
IMO Number	
Date of Construction	
Ballast Water Capacity (m^3)	**21845.90**

Details of Ballast Water Management Method(s) Used

Method of Ballast Water Management used **Sequential Method,Flow-through Method,Dilution Method**

Date installed (if applicable)

Name of manufacturer (if applicable)

The principal Ballast Water Management method(s) employed on this ship is/are:

[X] in accordance with regulation D-1

[-] in accordance with regulation D-2

Type of system

[-] the ship is subject to regulation D-4

〈그림 5-10〉 선박평형수관리설비검사증서 점검 사진

(가) 주요 점검 항목으로는 ① 증서의 유효기간 경과, ② 증서 기재 사항, ③ 증서 상의 기재 사항과 실제 본선의 평형수 교환 방법이 일치하는지 등이 있다. 참고로 평형수 교환 방법은 배출 후 주입 방법(sequential method), 넘침 방법(flow-through method), 희석 방법(dilution method) 등이 있다.

(나) 관련 규정은 국제협약은 BWM 2004 Convention / ANNEX / 제E-2규칙 등을 참조하고, 국내법은 선박평형수관리법 제12조 등을 참조한다.

5.1.16 에너지효율검사증서 (IEEC, International Energy Efficiency Certificate)

선박에너지효율이란 선박이 화물운송과 관련하여 사용한 에너지량을 이산화탄소 발생비율로 나타낸 것을 말한다.

국제에너지효율(IEE) 증서는 총톤수 400톤 이상의 선박이 타 당사국의 관할 항구 또는 해상터미널로 향하는 항해에 종사기 전에 선박에너지효율설계지수 검증, 선박에너지효율설계지수 허용값 만족 여부, 선박에너지효율관리계획서의 비치 여부 등의 검사를 받고 만족하는 경우 발행하는 증서이다.

5.1.17 해사노동적합증서(MLC, Maritime Labour Certificate)

해사노동적합증서란 선원의 근로기준 및 생활 기준에 대한 검사 결과 「2006 해사노동협약」(이하 "해사노동협약"이라 한다)에 따른 인증기준에 적합하다는 것을 증명하는 문서를 말한다.

총톤수 500톤 이상의 국제항해에 종사하는 항해선, 총톤수 500톤 이상의 항해선으로서 다른 나라 안의 항 사이를 항해하는 선박 또는 선박소유자가 요청하는 선박의 경우 해사노동협약 적합증서를 발행하기 위해서는 적합인증검사를 받아야 한다. 협약 부록 A5-Ⅰ에서 열거하고 있는 선원의 근로 및 생활 조건에 관한 항목들을 검증한 후 적합증서를 발급한다.

❖ 선종별·선박톤수별 비치하여야 할 선박의 증서 목록을 정리해 보자.

5.2 선박의 서류(Documents)

선박은 주요 설비의 상세사항이 기재된 증서와 더불어 각종 협약과 코드의 요건을 만족시키기 위하여 주로 기술적이거나 운용적인 사항들에 대한 서류, 매뉴얼, 서식, 기록부 등을 작성하거나 보관하여야 한다.

선종별 협약 기준에 따라 비치하거나 작성해야 할 서류 목록은 대략적으로 그림 5-11과 같다. 항만국통제관은 선박의 서류를 점검할 경우 적용 대상 선박, 작성 양식(통용언어 또는 영어·불어·스페인어 등으로의 번역본), 작성 기준 및 주관청 승인 대상 여부 등을 사전에 파악하여야 한다.

이를 통해 선원들이 선박 및 그 장비의 안전한 상태 및 운용과 관련된 매뉴얼, 지침 등에서 제공된 정보를 해석할 수 있는지를 판단하고, 유지 보수, 주기적 시험, 훈련 및 기록에 대한 요구 사항을 이해하고 있는지를 점검할 수 있다.

〈표 5-2〉 항만국통제 서류 점검 목록

No.			Item
1	BASIC	All ship	Crew list
2			Last 10 calls report
3			Reports of previous port State control inspections satis factory
4			Ship's Particular
5	SOLAS	All ship	Continuous Synopsis Record
6			Damage control plans and booklets
7			Fire control plan
8			Fire safety operational booklet
9			Fire safety training manual
10			Manoeuvring Booklet and information
11			Safety management manual
12			Ship's drill record(Fire, Abandonship & Enclosed space entry, etc.)
13			Ship's log-book(Record of navigational activities)
14			Stability in formation or stability booklet
15			Unattended machinery spaces (UMS) evidence
16		Passenger ships	Decision support system for master
17			For ro-ro Pssenger ships, information on the A/A-max ratio
18			List of operational Limitations
19			SAR coordination plan for Pssenger ships trading on fixed routes

No.			Item
20	SOLAS	Cargo ships	Bulk carrier Booklets(Bulk carriers)
21			Cargo information
22			Cargo Securing Manual
23			Dangerous goods special list or manifest, of detailed stowage plan
24			Document of authorization for the carriage of grain and grain loading man
25			Document of compliance Dangerous Goods
26			Enhanced Survey Report Files (Bulk carriers or oil tankers)
27			Loading/Unloading Plan for Bulk carriers(Bulk carriers)
28	MARPOL	All ship	Bunker delivery notes
29			Cargo Record Book(NLS Tanker)
30			Crude Oil Washing Operation and Equipment Manual(Oil tanker)
31			EEDI Technical File
32			Garbage Management Plan
33			Garbage Record Book
34			Log-Book for fuel oil change-over & procedure
35			Oil Discharge Monitoring and Control(ODMC) Operational Manual
36			Oil Record Book, parts I and II
37			Ozone-depleting substances Record Book
38			Procedures and Arrangements Manual
39			Shipboard Oil Pollution Emergency Plan
40			Shipboard marine Pollution Emergency Plan
41			Ship Energy Efficiency Management Plan
42			Statement of compliance condition Assessment Scheme(CAS)
43			STS(Ship to Ship) Operation Plan and Records(Oil tanker)
44			The record of oil discharge monitoring and control system
45			Type approval certificate of incinerator
46			VOC(Volatile Organic Compounds) Management Plan(Oil tanker)
47	Nox	All ship	Engine international Air Polution Prevention Certificate(EIAPPC)
48			Record book of engine parameters
49			Technical files
50	BWMC	All ship	Ballast management plan
51			Ballast Record book
52	MLC	All ship	Certificate of competency
53			Records of seafarers' daily hours of work or rest
54			Seafarer' employment agreement SEA
55	AFS	All ship	Declaration on AFS
56			Record of AFS
57	UNCLOS	All ship	Certificate of Registry or other document of nationality

5.3 항해안전 설비(Safety of navigation)

항해안전에 관한 항목은 SOLAS 부속서 제5장에 관련 사항이 주로 포함되어 있다. 2002년 7월 1일 개정사항이 반영되어 다음의 장비들이 새로이 요구되어 지게 된다. AIS(Automatic Information System), VDR/S-VDR(Voyage Data Record), GNSS(Global Navigation Satellite System), ECDIS(Electric Chart Display and Information System)가 이 장에 새롭게 포함된다.

모든 500톤 이상 국제항해 종사선박은 관련된 장비의 기록과 함께 유효한 협약 증서가 있어야 하며, 장비는 유효한 형식승인을 받아 효과적으로 기능을 유지하여야 한다. 그리고 선장과 항해 당직사관은 항해계기의 작동에 친숙하여야 한다.

〈표 5-3〉 선박의 주요 항해안전 설비 목록

구 분	설비 목록
1	Pilot ladders and hoist/pilot transfer arrangements
2	Radar
3	Gyro compass
4	Magnetic compass
5	Automatic radar plotting aid(ARPA)
6	Lights, shapes, sound-signals
7	Signaling Lamp
8	Charts
9	Electric Charts(ECDIS)
10	Automatic Identification System(AIS)
11	Voyage data recorder(VDR) / Simplified VDR
12	GNSS receiver/terrestrial radio navigation system
13	Nautical publications
14	Echo sounder
15	International code of signals
16	Voyage or passage plan
17	Navigation bridge visibility
18	Long-range identification and tracking system(LRIT)
19	Bridge Navigation Watch Alarm System(BNWAS)

5.3.1 도선사용 사다리 (Pilot ladders and hoist/pilot transfer arrangements)

도선사를 이용할 가능성이 있는 항로의 항해에 종사하는 선박은 도선사용 사다리를 설치하여야 한다. 도선사의 승강에 사용되는 모든 장치는 도선사가 안전하게 승선 및 하선할 수 있어야 한다.

〈그림 5-11〉 도선사 승강장치 점검 사진

(가) 주요 점검 항목으로는 ① 도선사 사다리 관리 상태, ② 승강지점에 손잡이용 지지대 설치 상태, ③ 도선사 승강장치가 규정대로 설치되어 있는지, ④ 도선사 사다리 관리 기록 여부 등이 있다. 도선사용 사다리는 도선사가 안전하게 승·하선할 수 있도록 양호한 상태로 유지되지는 확인하여야 한다.

(나) 관련 규정은 국제협약은 SOLAS 2010 Amend/Chapter V/Reg. 23 등을 참조하고, 국내법은 선박설비기준 제102조 등을 참조한다.

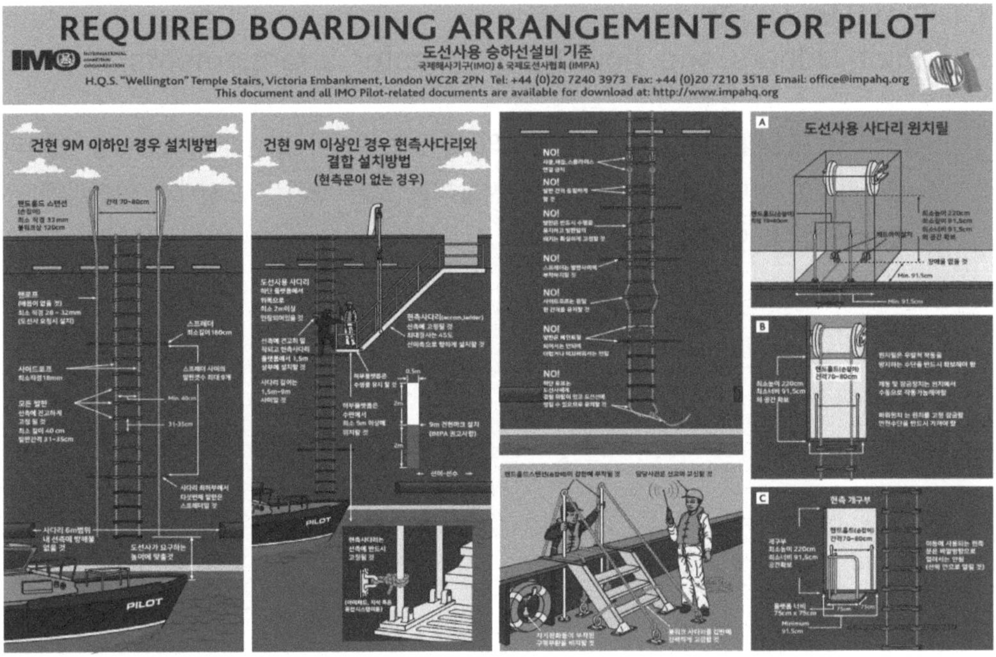

〈그림 5-12〉 도선사용 승하선 설비 기준

5.3.2 레이더(Radar)

레이더(radar)는 radio detection and ranging의 약어로 전자파의 직진성, 등속성, 반사성을 이용하여 해상에 존재하는 장애물이나 선박 등과 같은 물표의 존재를 탐지하는 장치이다. 선박에서 특히 시계제한 시, 입출항 시, 야간항해 시 필수적인 항행 설비이다.

(가) 주요 점검 항목으로는, ① 레이다 화면 굴곡 발생 여부, ② 레이다 화면에서 자이로 컴파스의 선수방위 정보 이용 가능 여부 등이 있다.

(나) 관련 규정은 국제협약은 SOLAS 1999/2000 Amend/Chapter V/Reg.1 9.2.3.2 등을 참조하고, 국내법은 선박설비기준 제94조 등을 참조한다.

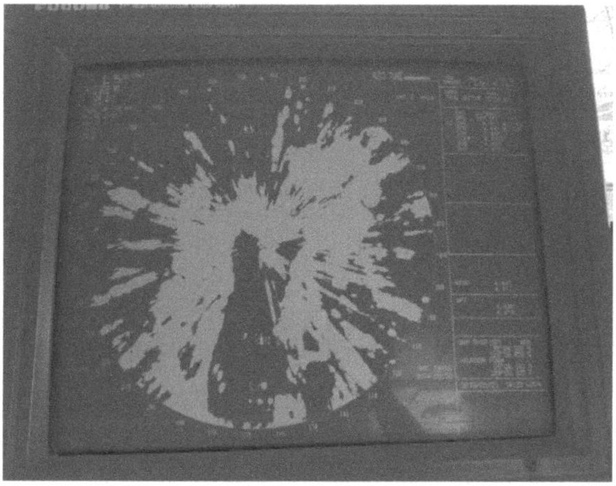

〈그림 5-13〉 레이다 점검 사진

〈표 5-4〉 선박 톤수별·건조 연도별 레이더 표시면의 유효지름

1999.1.1. 이전 건조선박		1999.1.1. 이후 건조선박	
500 ~ 1,600톤	180 mm~	~ 1,000톤	180 mm
1,600 ~ 10,000톤	250 mm~	1,000 ~ 10,000톤	250 mm~
10,000톤 ~	250 mm~1대 / 340 mm~1대	10,000톤 ~	340 mm~

5.3.3 Gyro Compass(자이로 컴퍼스)

총톤수 500톤 이상의 선박에는 자이로컴퍼스를 설치하여야 한다. 총톤수 1,600톤 이상의 선박에는 전방위를 확인할 수 있는 장소에 전방위를 확인할 수 있는 자이로컴퍼스 리피터를 설치하여야 하며 비상조타기가 설치된 선박의 경우에는 비상조타기실 안에 선수방위를 측정할 수 있는 자이로컴퍼스리피터를 설치하여야 한다.

자이로컴퍼스는 다음 요건에 적합한 것이어야 한다.

① 마스터자이로컴퍼스는 조타위치에서 그 표시를 명확하게 식별할 수 있는 위치에 이를 설치할 것.

② 정지상태로부터 지정하는 시간 이내에 안정될 수 있는 것일 것

③ 선박의 속력 및 위도의 변화에 의하여 생기는 오차를 수정할 수 있는 것일

④ 급전이 정지된 경우 경보를 발하는 것일 것

⑤ 선수방위에 관한 정보를 항해용레이더, 기타 필요한 항해용구등에 전달할 수 있는 것일 것

⑥ 밝기를 조절할 수 있는 조명장치를 설치한 것일 것

〈그림 5-14〉 자이로 컴퍼스 점검 사진

(가) 주요 점검 항목으로는 ① 자이로 컴퍼스 작동 상태, ② 자이로 컴퍼스 및 리피터의 조명장치 상태, ③ 규정 적용 선박의 경우 자이로리피터 설치 여부 등이 있다.

(나) 관련 규정은 국제협약은 SOLAS 2004 Amend/Chapter V/Reg. 19.2.5 등을 참조하고, 국내법은 선박설비기준 제99조 등을 참조한다.

5.3.4 자기컴파스(Magnetic compass)

자기컴퍼스는 자석을 자유로이 회전할 수 있는 회전대 위에 놓아두면 지구 자기장이 방향을 가리키게 된다는 원리를 이용하여 만든 것이다. 자이로 컴퍼스의 고장, 작동 이상에 대비한 백업 장치의 하나이다.

〈그림 5-15〉 자기컴퍼스 점검 사진

(가) 주요 점검 항목으로는 ① 자기컴퍼스의 작동 상태, ② 자기컴퍼스 내부에 기포 발생 여부, ③ 자차 곡선도 오차 여부 등이 있다. 준자기컴퍼스는 전방위에 걸쳐 시야가 좋은 곳에 설치하여야 하고, 조타자기컴퍼스는 조타 위치에서 그 표시를 명확하게 구별할 수 있는 곳에 설치하여야 한다.

(나) 관련 규정은 국제협약은 SOLAS 2009 Amend/Chapter V/Reg. 19.2.1 등을 참조하고, 국내법은 선박설비기준 제98조 등을 참조한다.

5.3.5 자동충돌예방보조장치(SS, Cargo Ship Safety)

ARPA(Automatic Radar Plotting Aid)라고 불리는 자동충돌예방보조장치는 레이다상의 물표를 자동 또는 수동으로 포착 및 추적하여 접근 경계권에 물표가 진입한 경우 가시가청의 경보를 발하여 충돌을 예방하기 위한 항법 장치이다.

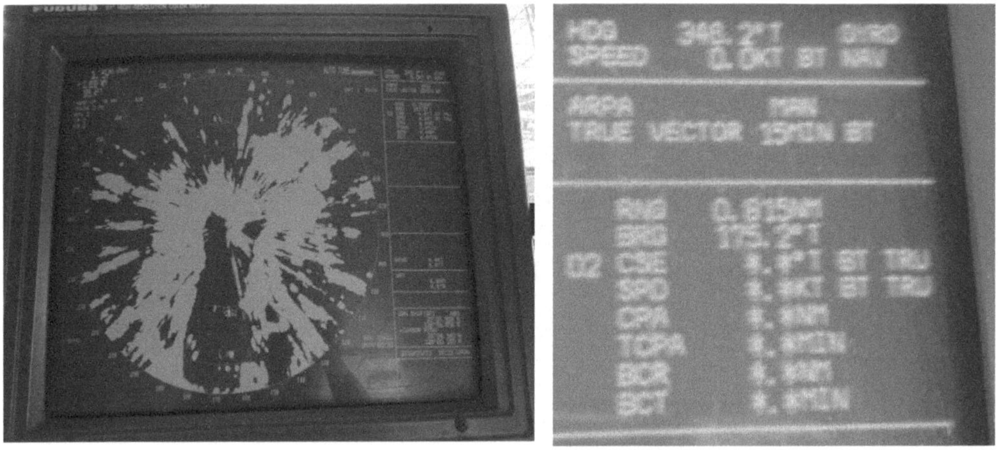

〈그림 5-16〉 자동충돌예방장치 점검 사진

(가) 주요 점검 항목으로는 ① ARPA 사용 시 대수속력 정보 이용 가능 여부, ② ARPA 작동 상태, ③ 적용 대상 선박의 경우 ARPA 설치 여부 등이 있다. 총톤수 10,000톤 이상의 선박에는 자동충돌예방보조장치를 설치하여야 한다.

(나) 관련 규정은 국제협약은 SOLAS 1999/2000 Amend/Chapter V/Reg. 19.2.8 등을 참조하고, 국내법은 선박설비기준 제96조 등을 참조한다.

5.3.6. 등화, 형상물, 신호음(Lights, shapes, sound-signals)

1972 국제충돌예방규칙에서는 선박의 충돌에 의한 사고를 방지하기 위하여 선박의 각종 등화, 형상물, 신호음을 규정하고 있다. 따라서 선박은 국제충돌예방규칙에서 요구하는 등화, 형상물을 갖추어야 하며, 상황에 따른 등화, 형상물, 신호음을 발하여야 한다.

등화는 신호의 전달 수단으로 사용되는 빛·항로 표지 및 선박의 신호 전달 매개체로서 사용된다.

특히 선박에 사용되는 경우 야간 또는 시계가 제한된 상황에서 항행하는 선박 간의 충돌을 방지하기 위해서 충돌의 위험성이 있는 다른 선박의 성질 및 침로에 대한 정보를 제공하는 기능을 한다. 이에 등화의 작동이 상당히 불량한 경우 중대 결함으로도 식별되고 있다.

〈그림 5-17〉 선박의 항해등 등 등화 점검 사진

(가) 주요 점검 항목으로는 ① 각 항해등 작동 상태, ② Control panel의 정상 작동 여부, ③ 국제신호서 및 국제신호기 비치 등이 있다. 항해등을 포함한 등화, 형상물, 신호음 등은 항만국통제관이 선교에서 항해설비에 대한 점검 시 필수적으로 확인하는 항목 중의 하나이다.

(나) 관련 규정은 국제협약은 COLEG Part C, D 등을 참조하고, 국내법은 해사안전법 제4절(등화와 형상물) 및 선박설비기준 제3장(항해용구) 등을 참조한다.

5.3.7 해도(Charts)

선박의 안전한 항행을 위해서는 최신 해도의 비치는 필수적이다. 일부 항만국의 경우 많은 선박들이 선박 주요 항로에 따른 해도를 비치하지 않아 출항 정지를 부여한 바와 같이 출항 정지 항목으로 빈번히 식별되고 있는 결함이다.

일반적으로 사용되는 해도는 BA(영국), Admiralty(미국) 발행 해도를 전 세계적으로 사용하고 있으며, 지역적으로 입항 항만의 세밀한 항만 해도 (approaching, harbour chart)등을 갖추도록 항만국이 요구하고 있다.

해도의 최신판 여부는 해도리스트(Chart Catalogue)를 확인하여 발행 연도와 개정 번호를 확인하여 알 수 있으며, 또한 항행통보(Notice to Mariners)에 의한 소개정(small correction)도 지속적으로 유지되어야 한다. 소개정 여부는 소개정 기록부와 항행통보를 비교하는 것으로 쉽게 알 수 있다.

(가) 주요 점검 항목으로는 ① 해도의 최신화 여부, ② 선박 주요 항로용 해도 비치 여부 등이 있다.

(나) 관련 규정은 국제협약은 SOLAS 2009 Amend/Chapter V/Reg. 19.2.1 등을 참조하고, 국내법은 선박설비기준 제93조 등을 참조한다.

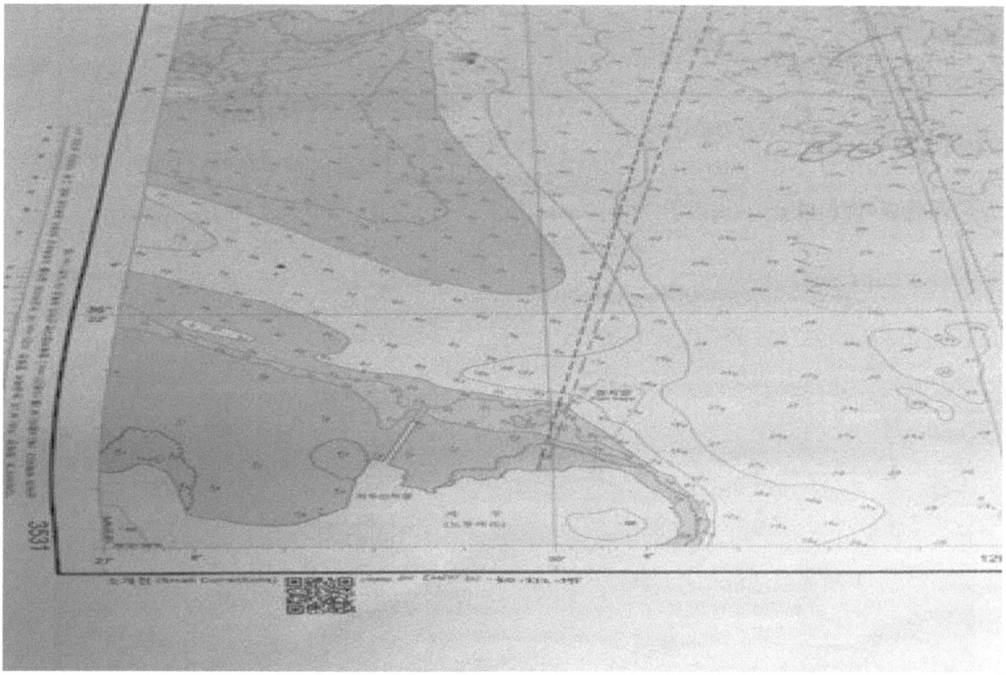

〈그림 5-18〉 해도 점검 사진

5.3.8 전자해도(Electric Charts)

전자 해도는 종이 해도상의 정보, 즉, 해안선, 수심, 육지의 각종 물표, 등심선, 항로 표지, 위험물, 항로 등 선박의 항해와 관련된 모든 정보를 국제수로기구(IHO)의 표준 규격에 따라 제작한 디지털 해도이다. 전자 해도는 선교에 설치되는 전자해도 표시 장치(ECDIS, Electronic Chart Display and Information Systme)를 통해서 컬러 화면으로 나타난다.

국제항해에 종사하는 총톤수 500톤 이상의 여객선 및 총톤수 3,000톤 이상의 화물선은 ECDIS를 설치하여야 한다. 이 경우 ECDIS는 백업장치를 갖추어야 하며, 최신화된 해도를 백업장치로 활용할 수 있다.

ECDIS는 표시된 정보 또는 오작동에 대하여 적절히 경보를 발하거나 표시할 수 있고, 비상전원으로 정상적인 기능을 유지할 수 있어야 한다. 또한, 최신화된 해도자료를 입력할 수 있는 장치가 구비되어 있어야 하며, 사용되는 전자해도(ENC : Electronoc Navigational Chart)는 변조가 불가능하여야 하며, 시스템전자해도는 선박의 예정항로에 적합한 것이어야 한다.

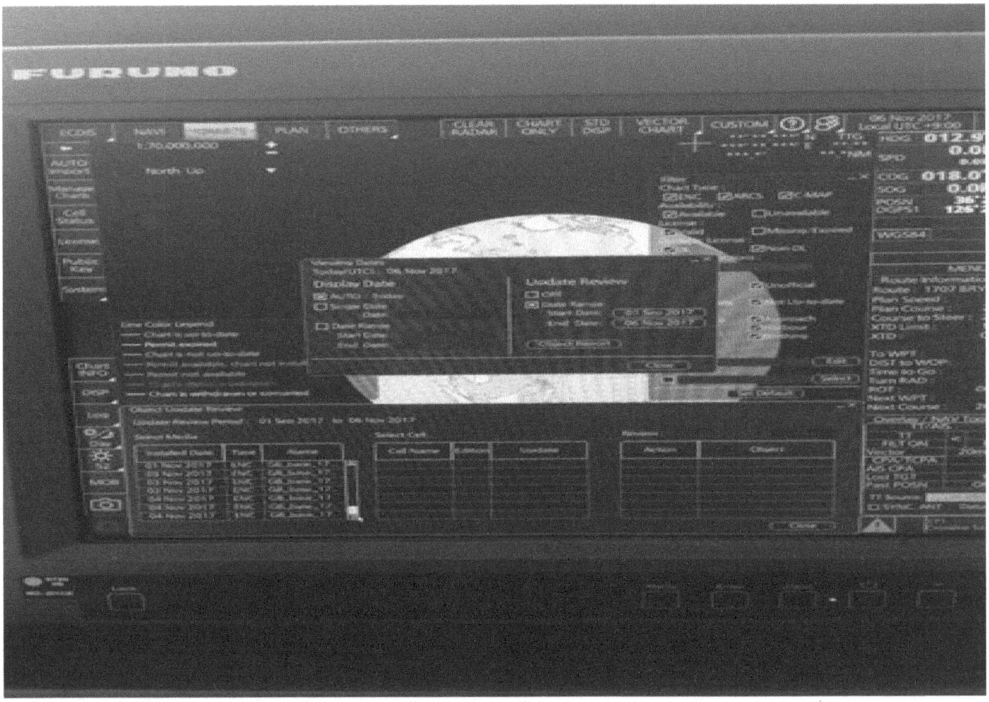

〈그림 5-19〉 전자해도 점검 사진

(가) 주요 점검 항목으로는 ① ECDIS의 해도 최신화 여부, ② ECDIS에 자이로, GPS 정보가 제공되는지 등이 있다.

(나) 관련 규정은 국제협약은 SOLAS 2009 Amend/Chapter V/Reg. 19.2.1.4 등을 참조하고, 국내법은 선박설비기준 제93조 등을 참조한다.

5.3.9 음향측심기(Echo sounder)

음향측심기는 음파는 거의 일정한 속도로 진행한다는 등속성 원리를 이용하여 연속적으로 수심을 측정하는 장치이다.

총톤수 150톤 이상의 여객선, 여객선 이외의 선박으로서 연해구역 이상을 항해구역으로 하는 총톤수 300톤 이상의 선박은 음향측심기를 설치하여야 한다.

음향측심기의 송수파기는 가능한 한 선체 또는 프로펠러 등에 의하여 발생하는 수류의 영향을 받지 아니하는 위치에 설치하여야 하고, 측정할 수 있는 최대의 수심에 대응하는 측심레인지 및 그 10분의 1 측심레인지를 가지는 것이어야 한다.

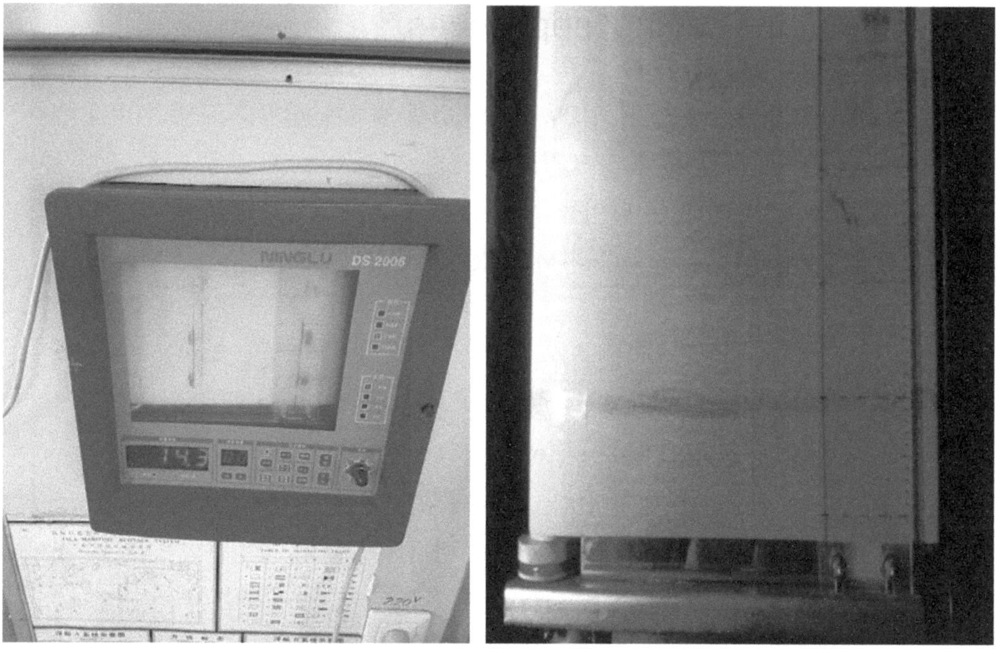

<그림 5-20> 음향측심기 점검 사진

(가) 주요 점검 항목으로는 ① 음향측심기 기록 상태, ② 선저 센서의 정상 작동 여부 등이 있다. 선저 센서가 고장이 난 경우 해당 결함을 시정하기 위한 일정 협의가 필요할 수도 있다.

(나) 관련 규정은 국제협약은 SOLAS 1999/2000 Amend/Chapter V/Reg. 19.2.3 등을 참조하고, 국내법은 선박설비기준 제101조 등을 참조한다.

❖ 항해설비 중 식별될 수 있는 결함 유형을 정리해 보고, 결함유형별 결함의 중대성을 논의해 보자.

5.4 구명설비(Life saving appliances)

해양 사고가 발생했을 때 인명 구조를 위해 필요한 설비를 구명 설비라 한다. 선박에는 구명정, 구명 뗏목, 구조정, 구명부환, 구명조끼 및 각종 신호 장치 등의 구명 설비가 비치되어 있는데 이들 설비는 긴급 구명 작업에 대비해서 항상 신속하고 정확하게 작동될 수 있도록 비치되어 있어야 한다.

구명설비의 요건으로는,

① 구명설비는 적절한 재료로 만들어진 것이어야 한다.
② 구명설비는 적절한 공작방법에 의하여 만들어진 것이어야 한다.
③ 전기를 이용하는 구명설비는 회로가 단락되는 경우에 있어서도 손상을 받지 아니하고 사용자에게 위험을 주지 아니하는 조치가 강구되어 있는 것이어야 한다.
④ 구명설비는 점검 및 보수를 용이하게 할 수 있는 것이어야 한다.

개인용 구명설비 및 생존정의 진수·회수 장치의 심각한 손상과 더불어 수량 부족, 미설치 등은 출항 정지로 고려되는 결함이다.

〈표 5-5〉 선박의 주요 구명 설비 목록

구 분	설비 목록
1	Lifeboat
2	Rescue boats
3	Inflatable liferafts
4	Marine evacuation system
5	Distress flares
6	Lifebuoys
7	Lifejackets
8	Immersion suits
9	Radio life-saving appliance
10	Emergency equipment for 2-way communication
11	Line-throwing Appliance

구명설비의 정기적인 검사 및 선내 점검에 따른 기록 또한 항만국통제 점검 시 확인해야 할 항목이다. 추가로, 구명설비의 작동 방법에 대한 친숙화도 소프트웨어 측면에서 확인해야 할 사항이다.

5.4.1 구명정(Lifeboat)

구명정은 해양 사고가 발생하여 퇴선 명령이 내려졌을 때, 승객과 선원들이 피난을 위해 사용하는 작은 선박이다. 구명정은 협약에서 요구하는 바와 같이 각 현에 최대승선인원을 수용하는데 충분한 구명정을 비치하여야 한다.

(1) 외관점검

모든 구명정은 적절하게 제작되고 정원과 의장품을 만재하였을 때 거친 해상에서 충분한 복원력과 건현을 가질 수 있는 형태와 구획으로 제작되어야 한다.

선체 및 고체 커버는 난연성이거나 불연성이어야 한다. 구명정의 정원수가 선명하고 영구적인 방법으로 구명정에 표시되어야 하고, 구명정이 소속된 선박의 선명 및 선적항이 구명정 선수의 양쪽에 표시되어야 한다.

해양 사고가 발생한 경우, 구명정의 신속한 소재 파악 등을 위해 해당 선박의 호출부호 및 구명정의 번호가 위쪽에서 볼 수 있도록 표시되어야 한다.

〈그림 5-21〉 구명정 점검 사진

(2) 구명정의 의장품 및 추진기 점검

모든 구명정의 의장품은 보트훅을 제외하고는 구명정 안에 이를 고정시켜야 한다. 이 경우 래싱은 의장품이 고정되도록 하고 또한 이탈 장치의 기능을 방해하거나 신속한 승정을 방해하지 아니하는 방법으로 하여야 한다. 모든 구명정의 의장품은 될 수 있는 대로 작고 또한 가벼운 것이어야 하며, 적절히 포장된 것이어야 한다.

기관은 수동 시동장치나 두 개의 독립된 충전 가능한 에너지원을 가진 동력시동장치를 가져야 한다. 시동에 필요한 보조장치도 갖추어야 한다. 이를 위해 통상적으로 최근 선박은 2대의 배터리를 비치하고 있다. 또한, 선박이 운항하는 해역에서 예상되는 온도의 범위내에서 사용할 수 있는 충분한 양의 연료를 만재한 구명정이 6노트의 속력으로 24시간 이상 달릴 수 있도록 비치하여야 한다.

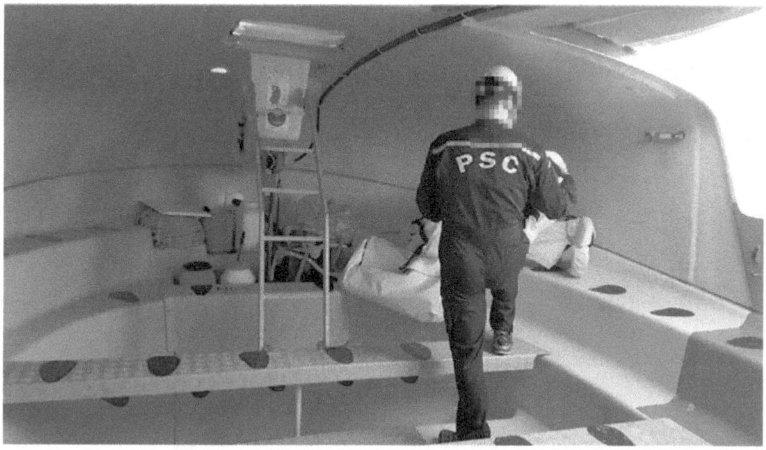

〈그림 5-22〉 구명정 의장품 점검 사진

(3) 구명정 진수장치 등 점검

생존정 그리고 그 탑재 위치의 어떠한 것도 다른 진수위치에 있는 생존정 또는 구조정의 작동을 방해하지 않도록 하여야 한다. 또한, 두 사람의 선원이 5분 이내에 승정 및 진수를 할 수 있도록 항상 준비상태에 있어야 한다.

〈그림 5-23〉 구명정 진수 시험 사진

(4) 내화구명정(fire-protected lifeboats) 등 점검

케미컬 탱커 등에 설치된 내화구명정은 해상에서 8분간의 계속된 기름화재 속에서 승정원을 보호할 수 있는 것이어야 한다. 내화구명정의 살수장치의 물은 자기주입식의 동력펌프에 의하여 공급되고, 물의 흡입구는 수면에서 인화성액체의 흡입을 방지할 수 있도록 배치되어 있어야 한다.

〈그림 5-24〉 내화구명정의 분무관 점검 사진

(가) 주요 점검 항목으로는 ① 구명정의 외관 상태, ② 구명정 외관의 호출부호 등 표시 상태, ② 구명정 의장품 관리 상태, ③ 구명정 추진기 작동 상태, ④ 구명정 진수 장치의 관리 상태, ⑤ 내화구명정의 경우 살수장치 상태 등이 있다.

구명정의 경우 또한 주기적인 점검 및 기록 여부와 더불어 구명정 진수 절차에 대한 숙지도 또한 점검토록 하여 선원들이 비상 상황 시 신속히 선박으로부터 퇴선할 수 있도록 친숙화가 되어야 한다.

(나) 관련 규정은 국제협약은 SOLAS 1996-1998 Amend/Chapter III/Reg. 13, LSA 2006 Amend/CHAPTER IV/4.1 등을 참조하고, 국내법은 선박구명설비기준 제11조 등을 참조한다.

- ❖ 구명정 진수에 따른 On(off)-load release system의 작동 원리에 대하여 설명해 보자. 이를 통해 항만국통제 시 점검 사항에 대하여 논하여 보자
- ❖ 전폐형 구명정의 형식승인 시험 및 검정 기준과 방법을 알아보고 설명해 보자

5.4.2 구조정(Rescue boat)

최근 건조된 선박 중 선미 자유낙하식 구명정을 설치한 경우, 아래 그림과 같이 독립된 구조정을 탑재하고 있다. 구조정의 경우 본선에서 소홀히 정비하는 경우가 많으나 구조정도, 구명정과 동일하게 정비하여야 한다. 구조정도 마찬가지로 완전한 추진기 작동이 되지 않거나 외관이 심각하게 손상된 경우 등 중대 결함을 식별한 경우 출항정지를 고려할 수 있다.

〈그림 5-25〉 구조정 점검 사진

(가) 주요 점검 항목으로는, ① 구조정의 외관 상태, ② 구조정 추진기 작동 상태 등이 있다. 구조정 추진기 시험의 경우 주로 수동시동장치를 사용하기에 선박에서는 시험을 위한 사전 준비가 필요하다는 것을 고려하여야 한다.

(나) 관련 규정은 국제협약은 SOLAS 2006 Amend/Chapter III/Reg. 14, LSA 2008 Amend / CHAPTER V / 5.1 등을 참조하고, 국내법은 선박구명설비기준의 제25조 등을 참조한다.

5.4.3 Liferaft(구명뗏목)

구명 뗏목은 선박이 침몰할 때 갑판 위에서 해상으로 투하하거나 또는 선박의 침몰 시 자동으로 부상하여 조난자가 안전하게 탑승할 수 있는 구명 설비이다.

전문 정비업체의 정비를 12개월을 넘지 않는 간격으로 받기 때문에 본선에서 조치할 경우는 많지 않으나, 주로 적재하면서 페인터 라인이나, weak link의 적절한 연결이 잘 되어 있지 않은 경우 등으로 인해 결함이 식별되기도 한다.

〈그림 5-26〉 구명뗏목 점검 사진

(가) 주요 점검 항목으로는, ① 구명뗏목의 외관 상태 및 정기적 검사 현황, ② 자동이탈장치의 유효기간 경과 여부, ③ 본선과 페인터의 연결 상태 등이 있다. 구명뗏목도 필요시 선박에서 투하 절차를 숙지하고 있는지를 점검하여야 한다.

(나) 관련 규정은 국제협약은 SOLAS 1996-1998 Amend/Chapter III/Reg. 13, LSA 2006 Amend/CHAPTER IV/4.1 등을 참조하고, 국내법은 선박구명설비기준 제17조 등을 참조한다.

5.4.4 구명부환(Lifebuoys

구명부환은 개인용 구명설비로서 선박에서 익수자 구조 등의 목적으로 사용되며 일정한 길이의 구명줄 및 야간에 빛을 반사할 수 있는 역반사재가 부착되어 있다.

구명부환은 가능한 한 선측까지 이르는 양현 갑판상에 비치되어야 하고, 2개 이상은 항해선교에 비치되어야 한다.

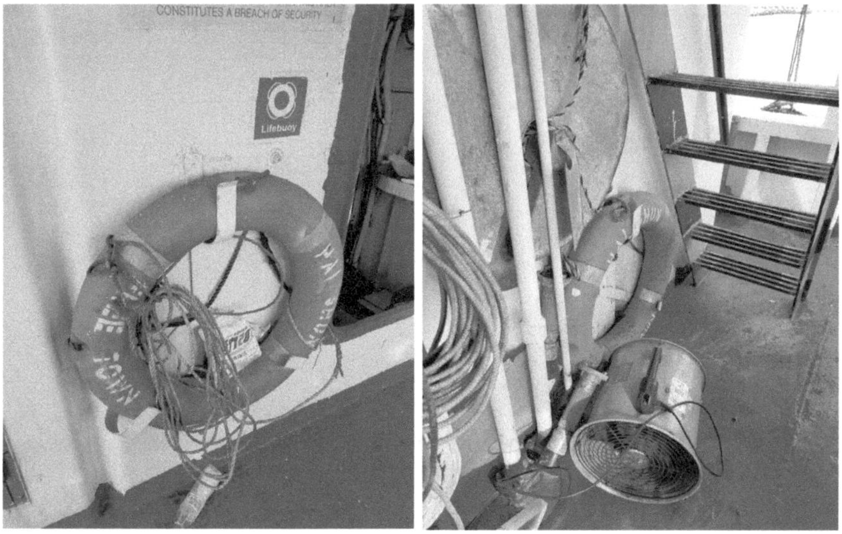

〈그림 5-27〉 구명부환 점검 사진

항해 선교에 비치하는 구명부환은 자기점화등 및 자기발연신호와 함께 긴급 이탈 장치에 의하여 신속하게 취급할 수 있도록 비치되어야 한다. 또한 구명부환에는 선명 및 선적항 등을 표시하여야 한다.

(가) 주요 점검 항목으로는 ① 선박의 협약 요구 조건에 따른 구명부환 비치 여부, ② 구명부환 관리 상태, ③ 선교에 위치한 구명부환의 자기점화등 작동 상태 등이 있다.

구명부환은 신속히 떼어내어 던질 수 있도록 보관하고 어떠한 방법으로든 고박되어 있지 않아야 하기에 구명부환의 영구 고박 또는 고착 여부도 확인하여야 한다.

(나) 관련 규정은 국제협약은 SOLAS 1996-1998 Amend / Chapter III / Reg. 32.1, LSA 2006 Amend / CHAPTER II / 2.1 등을 참조하고, 국내법은 선박구명설비기준 제34조 등을 참조한다.

〈표 5-6〉 국제항해에 종사하는 화물선의 구명부환 비치 수량

~1986.6.30.		1986.7.1.~	
선박의 길이	부환의 최소 수	선박의 길이	부환의 최소 수
선박의 길이에 관계없이 8개		100 미만	8
		100 에서 150 미만	10
		150 에서 200 미만	12
		200 이상	14

5.4.5 구명조끼(Lifejackets)

구명조끼는 조난 또는 비상시에 몸에 착용하도록 만든 것으로, 쉽게 접근할 수 있는 곳에 보관하여야 한다. 또한 그 위치는 명확히 표시되어 있어야 한다.

자유낙하식 구명정을 제외하고 전폐형 구명정에 쓰일 구명동의는 구명정의 출입 또는 좌석 벨트의 조작을 포함하여 착석에 방해가 되지 않아야 한다.

구명조끼의 경우, 최대승선인원과 같은 수의 구명조끼를 비치하여야 하고, 여객선은 구명조끼가 어린이의 사용에 적합하지 않은 경우에는 어린이와 같은 수 또는 적어도 여객정원의 10퍼센트에 상당하는 수중 큰 수의 어린이용 구명조끼를 비치하여야 한다. 그 외 화물선의 경우 선교 및 기관감시실(engine control room)에서 당직원으로 지정되어 있는 사람과 추가로 비치하는 구명뗏목의 정원과 같은 수의 구명조끼를 비치하여야 한다.

〈그림 5-28〉 구명조끼 점검 사진

(가) 주요 점검 항목으로는 ① 구명조끼 관리 상태, ② 구명조끼 역반사재, 호각, 구명조끼등 상태, ③ 협약에서 요구하는 충분한 수량의 구명조끼 비치 여부 등이 있다.

(나) 관련 규정은 국제협약은 SOLAS 2006 Amend/Chapter III/Reg. 7, LSA 2014 Amend/CHAPTER II/2.2 등을 참조하고, 국내법은 선박구명설비기준 제35조 등을 참조한다.

5.4.6. 방수복(Immersion suits)

방수복은 본선에서 비상 상황 시, 물속에 들어갔을 때 물이 스며들지 않아 체온을 보전하여 줌으로써 용이하게 작업을 할 수 있도록 해주는 개인 구명설비지만 사용할 경우가 거의 없어 비치용으로만 여기는 경우가 많으므로, 실제로 착용법을 숙지하고 있는지를 확인하는 것이 중요하다.

여객선 이외의 선박으로서 국제 항해에 종사하는 총톤수 500톤 이상의 선박은, 최대승선인원과 같은 수의 방수복을 비치하여야 한다. 이 경우, 이 방수복은 구조정의 승무원으로 지정되어 있는 인원에 대한 방수복으로 사용할 수 있다 (선박구명설비기준 제88조).

방수복 또한 구명조끼와 마찬가지로 쉽게 접근할 수 있는 장소에 보관되어야 하며, 그 위치는 명확하게 표시되어 있어야 한다.

(가) 주요 점검 항목으로는 ① 방수복 관리 상태, ② 역반사재 부착 상태, ③ 방수복 착용법 숙지 여부 등이 있다.

(나) 관련 규정은 국제협약은 SOLAS 1996-1998 Amend/Chapter III/Reg. 7, LSA 2006 Amend/CHAPTER II/2.3 등을 참조하고, 국내법은 선박구명설비기준 제36조 등을 참조한다.

〈그림 5-29〉 방수복 점검 사진

5.5 소방설비(Fire fighting appliances)

선박에서 발생하는 화재 사고는 가장 위험한 비상 상황 중 하나이다. 기관실의 기름 누유·유출로 인해 화재가 발생할 수 있고, 전기 장치 또는 고온부 작업 중 화재 사고가 발생할 수도 있다. 또한 선원 거주구역 및 화물창에서도 발생할 수 있다.

그뿐만 아니라 적절한 조건에서 열을 발생하면 불이 날 수 있는 일부 화물로 인해서도 화재 사고의 발생 가능성이 있다. 물론 선박에서 소방설비에 대해 적절한 유지보수를 시행하지 않고 당직 근무를 소홀히 하는 경우 화재의 확산 위험은 증가하게 된다.

이에 선박에서는 화재 안전 조치의 중요성을 인식하고, 특히 SOLAS Chapter II-2장 및 FSS Code(International Code for Fire Safety Systems)에서 요구하는 사항을 준수하는 것이 중요하다.

화재 및 폭발의 발생을 예방하고, 화재로 기인한 인명위험을 줄이는 한편, 선박·화물 및 환경에 대한 손상의 위험을 줄이는 등의 목표로 SOLAS Chapter II-2장에서는 선박 및 거주구역의 경계 구분, 가연성재료의 사용 제한 및 소방설비의 즉시 사용 가능하게 하는 등 소방설비의 기능 요건들을 구체화하고 있다.

〈표 5-7〉 선박의 주요 소방설비 목록

구 분	설비 목록
1	Fire prevention structural intergrity
2	Fire doors
3	Fire detection and alarm system
4	Fixed fire extinguishing installation
5	Fire fighting equipment and appliances
6	Personal equipment for fire safety
7	Quick closing valve for oil fuel tanks and others
8	Fire-dampers
9	Means of escape
10	Fire control plan

5.5.1 방화구조(Fire prevention structural intergrity)

선박의 방화구조의 목적은 발화위치에서 화재를 차단하는 것에 있다. 이를 위해 선박은 방열상 및 구조상의 경계에 의하여 구획되어야 한다 또한, 경계의 방열은 해당 구획 및 인접 구획들의 화재위험성을 고려하여야 하고, 구획의 보존방열성은 개구부 및 관통부에서도 유지되어야 한다.

여기서 기준에 적합한 격벽 또는 갑판으로 형성된 구획의 종류는"A급구획", "B급구획"등으로 나뉘고, A급구획 및 B급구획의 종류는 표준화재시험에 있어서의 방열 시간에 따라서 구분한다.

격벽과 갑판의 보존방열성은 협약에서 정의된 구역과의 인접하는 장소의 경계에 적용된다. 항만국통제관은 선박의 방화구조 점검 시 해당 구역(거주구역, A류 기관구역, 제어구역, 업무구역, 화물구역 등)의 정의와 포함된 장소를 충분히 숙지하여야 한다.

〈그림 5-30〉 격벽의 방열재(fire integrity) 점검 사진

(가) 주요 점검 항목으로는 ① 방화격벽 및 갑판에 설치된 insulation의 손상, ② 방화격벽 및 갑판에 해당 구획의 방화요건에 맞는 insulation 시공 여부 등이 있다.

방화격벽 및 갑판의 보존방열성에 대한 방화요건과 관련하여, 특히 항행구역 변경(연해구역에서 국제항해로 변경)에 따른 방화구조 기준 미충족 또는 방열재 설치 누락 등이 식별되기에 해당 선박을 점검하는 경우 협약 요건의 충족 여부를 확인할 필요가 있다.

(나) 관련 규정은 국제협약은 SOLAS 2012 Amend/Chapter II-2/Reg. 9.2.3 등을, 국내법은 선박방화구조기준 제33조 등을 참조한다.

5.5.2 방화문(Fire doors)

여객선의 경우 특히, 주수직구역격벽, 주수평구역 또는 조리실의 경계가 되는 격벽과 계단위벽에 설치되는 A급방화문은 자기폐쇄형의 문으로서, 중앙제어장소에서 해제시킬 수 없는 개방 고정용 훅(hold back hooks)을 사용하지 않고, 중앙제어장소의 방화문 표시반은 각 방화문의 폐쇄여부가 표시되도록 요구하고 있다.

총톤수 500톤 이상의 화물선에 대해서도 특정기관구역의 경계가 되는 격벽에 부착되는 문은 자기 폐쇄형의 것이어야 하고, 자기폐쇄형의 문에는 개방 고정용 훅을 사용하지 않도록 하고 있다.

방화문은 선박에서 화재가 발생한 경우, 화재의 확산을 방지하고 이로 인한 사고 피해를 저감시키는 역할을 한다. 하지만 일부 선박에서는 방화문이 완전히 닫히지 않거나 열린 상태로 고정시켜 놓는 경우가 발견된다. 이는 결과적으로 화재 발생 시 화재가 인접한 구획으로 확산될 수 있는 경로를 제공하여 선원의 안전한 대피를 방해하며, 결과적으로 인명피해를 증가시킬 수 있는 위험을 초래하게 된다.

〈그림 5-31〉 방화문 점검 사진

(가) 주요 점검 항목으로는, ① 방화문의 관리 상태, ② 방화문의 자동폐쇄장치 작동 상태, ③ 방화문에 고정장치(hold back hook) 설치 여부, ④ 화재제어도(fire control plan)와 상이한 방화문 설치 여부 등이 있다. 방화문 점검 시 화재제어도에 따라 각 장소, 구역에 적합한 방화문이 설치되었는지 확인해 볼 필요가 있다.

(나) 관련 규정은 국제협약은 SOLAS 2008 Amend/Chapter II-2/Reg. 9.4.2 등을 참조하고, 국내법은 선박방화구조기준 제35조 등을 참조한다.

5.5.3 화재탐지 및 경보장치(Fire detection and alarm system)

화재탐지 및 경보장치의 목적은 발화장소에서 화재를 탐지하고 안전한 탈출과 소화 활동을 위한 경보를 울리는 것이다. 이러한 목적을 위하여 다음의 기능 요건들을 만족토록 하고 있다(SOLAS 1999/2000 Amend/Chapter II-2/Reg. 7.1).

① 고정식 화재탐지 및 화재 경보장치의 설치는 구역의 상태, 화재 성장 가능성 및 연기 및 가스 발생 가능성에 대하여 적합하여야 한다;

② 수동조작 콜포인트는 쉽게 접근할 수 있는 통보의 방법을 확보하기 위하여 배치를 효과적으로 하여야 한다;

③ 화재 순찰은 탐지, 화재 위치 파악 및 항해 선교 및 소화 대원에게 경보를 울리는 효과적인 수단을 제공하여야 한다.

화재탐지장치는 어느 탐지기가 작동하는 경우에도 각 탐지 구역마다 자동으로 가시가청경보를 발하는 표시반 및 제어반이 설치되어 있어야 하며, 또한 경보가 발한 후 2분 이내에 경보에 대한 확인 조치가 이루어지지 않은 경우 거주구역, 업무구역, 제어장소 및 특정기관구역 전체에 자동으로 가청경보를 발하여야 한다.

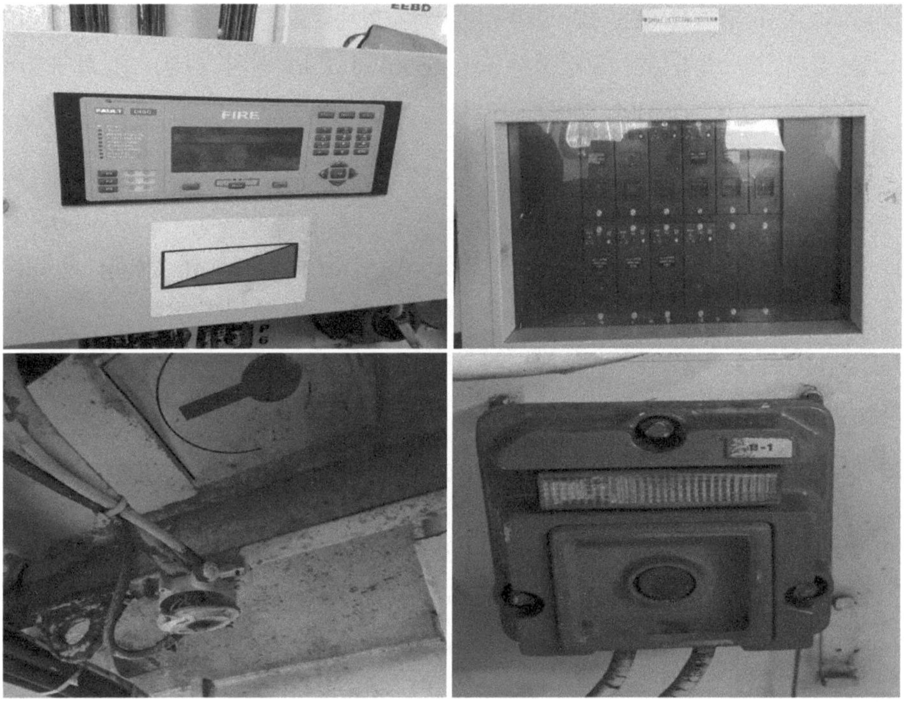

〈그림 5-32〉 화재탐지 및 경보장치 점검 사진

(가) 주요 점검 항목으로는, ① 각 구역에 설치된 화재탐지기의 정상 작동 여부, ② 화재탐지 경보장치(주로, 선고)의 정상 작동, ③ 수동화재경보장치가 작동 시험에 따라 신속하게 경보할 수 있는지 등이 있다. 필요시, 선박에서 정기적으로 선박에 설치된 화재탐지기의 작동 시험에 대한 기록도 점검 항목으로 포함될 수 있다.

(나) 관련 규정은 국제협약은 SOLAS 2006 Amend/Chapter II-2/Reg. 7.2 등을 참조하고, 국내법은 선박소방설비기준 제35조 등을 참조한다.

5.5.4 고정식소화장치(Fixed fire extinguishing installation)

고정식소화장치는 소화 작업의 최종 단계에서 사용되는 소화장치로서 높은 신뢰도와 안전성이 요구되는 설비이다. 따라서 선박에서 각종 소화장치의 소화원리, 작동 및 관리 방법 등을 숙지하는 것은 중요한 사항이다.

소화장치는 화재로 인해 작동불능이 되거나 작동 중의 의도하지 않은 상황으로 인해 작동불능이 되어서는 안 된다. 또한, 소화장치는 매우 높은 안전계수를 가지도록 설계하여, 소화장치 작동 시에 발생하는 의도하지 않은 상황에서도 즉시 사용할 수 있어야 한다.

대부분의 소화제는 질식 효과와 냉각 효과를 사용하며 이러한 소화제는 독성을 가진 경우가 많다. 따라서 인명의 안전을 위해서는 소화제가 방출되는 것을 알리는 경보장치, 경보장치에 따른 대응조치에 관한 교육 및 훈련이 필요하다. 또한, 안전한 탈출을 위해 화재로부터 사람을 보호할 수 있는 탈출 경로 및 비상호흡구와 같이 탈출 시에 인원의 생명 유지를 위해 필요한 설비 등에 대한 요건도 준수하여야 한다.

〈그림 5-33〉 고정식 소화장치 점검 사진

〈그림 5-34〉와 같이 고정식소화장치는 주로 소화제의 종류에 따라 분류한다. SOLAS Chapter II-2장 및 FSS Code에서 정하고 있는 소화장치를 크게 두 가지로 분류하면 가스소화장치, (gas fire extinguishing system)와 수계 소화장치(water based fire extinguishing system)로 구분할 수 있다.

탄산가스를 소화제로 사용하는 고정식가스소화장치는 고압식(high pressure system)과 저압식(low pressure system)으로 구분된다. 실제 선박에서는 대부분 고압식을 채택하고 있으며, 대량의 CO_2(Carbon dioxide)가 요구되는 자동차 운반선에서만 고압식을 사용할 경우 CO_2 용기의 저장 공간이 비정상적으로 커지는 것을 막기 위해 통상적으로 저압식을 사용한다.

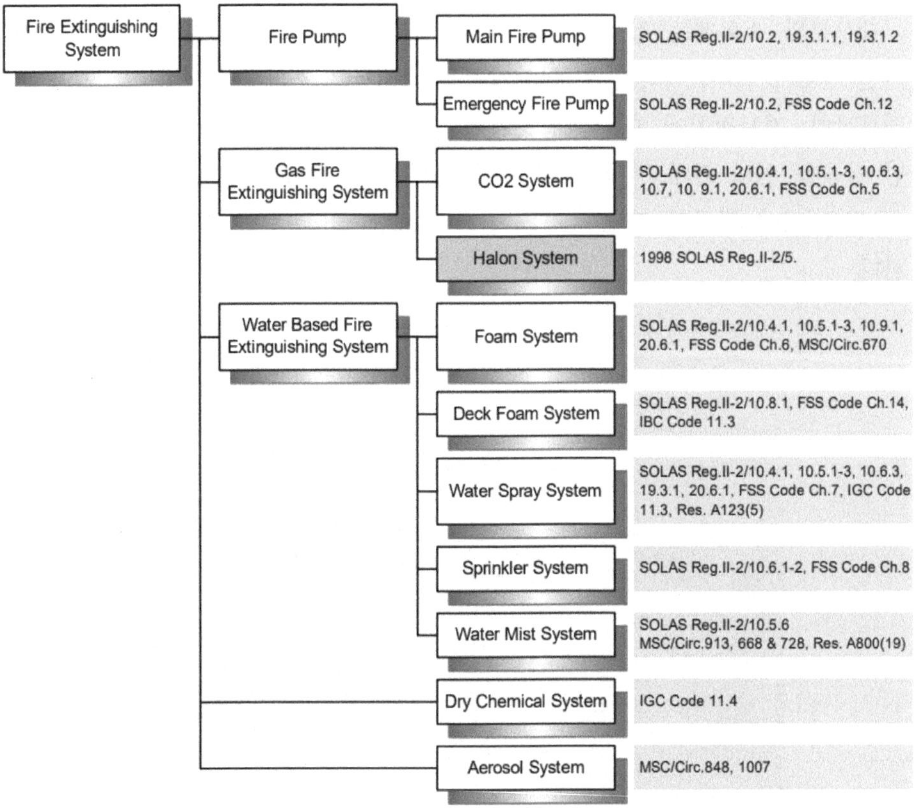

〈그림 5-34〉 선박의 고정식소화장치의 종류(출처: 한국선급, Technical information)

한편, 총톤수 2,000톤 이상의 국제 항해에 종사하는 화물선의 경우 용적이 500세제곱미터를 넘는 특정기관구역에는 고정식소화장치에 추가하여 ① 내연기관의 화재위험 부분, ② 보일러의 전부(분연장치 등), ③ 소각기의 화재위험부분(분연장치 등), ④가열된 연료유용 청정기 등에 고정식국부소화장치를 설치토록 하고 있다(SOLAS 1999/2000 Amend/Chapter II-2/Reg. 10.5.6., effective date: 2002.7.1.)

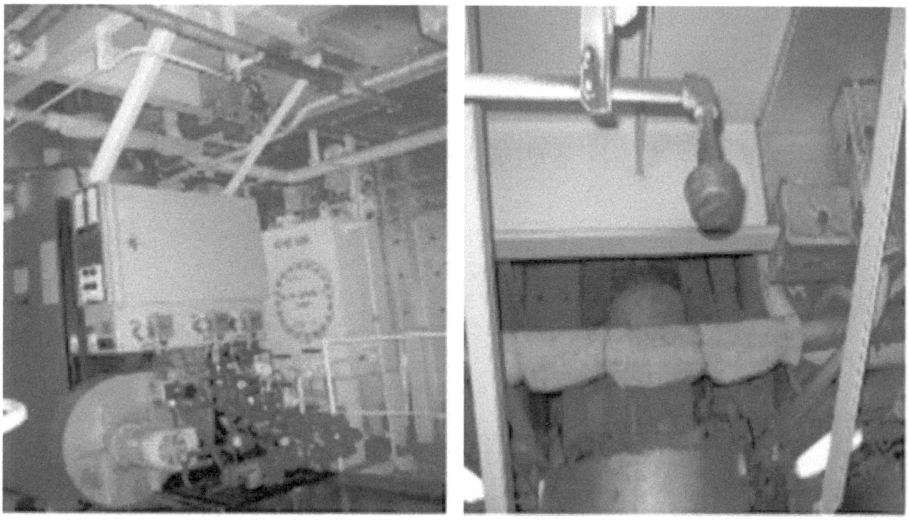

〈그림 5-35〉 A류 기관구역에 설치된 고정식 국부 소화장치 점검 사진

(가) 주요 점검 항목으로는 ① 소화제 저장 bottle 및 탱크에 충분한 양의 소화제가 충전 되어 있는지, ② 고정식소화장치의 비치 및 관리 상태, ③ 고정식소화장치의 주기적인 선내 정비, 시험 및 검사에 따른 기록물 관리 상태 등이 있다.

필요한 경우, 책임 있는 사관이 고정식소화장치의 작동 방법을 충분히 숙지하고 있는지에 대한 점검도 중요한 항목이다.

(나) 관련 규정은 국제협약은 SOLAS 1999/2000 Amend/Chapter II-2/Reg. 10.4.1.1 등을 참조하고, 국내법은 선박소방설비기준 제13조 등을 참조한다.

5.5.5 소화설비 및 장비(Fire fighting equipment and appliances)

소화기, 소화 호스 등 소화설비는 화재의 발원구역에서 진압하고 신속히 소화하는 것을 목적으로 항해 중 어떤 상황에서도 양호한 상태로 유지되고 즉시 사용될 수 있도록 하여야 한다.

특히 여객정원이 36인을 넘는 국제 항해에 종사하는 여객선은 내부에 비치하는 소화 호스 및 노즐은 항상 소화전에 연결되어 있어야 한다(선박소방설비기준 제43조). 아울러, 소화 또는 화재방지를 위한 장치 및 설비의 유지 및 조작에 관한 지침서를 즉시 이용할 수 있도록 쉽게 접근할 수 있는 장소에 비치하여야 한다.

〈그림 5-36〉 소화전 및 휴대용 소화기 점검 사진

(가) 주요 점검 항목으로는 ① 소화기, 소화전 등 관리 상태, ② 소화기의 점검 및 기록 관리 여부, ③ 소화 호스의 부식 및 파공 여부 등이 있다.

소방설비 점검 기록부를 통해 소화기, 소화 호스, 노즐 등의 주기적인 점검이 이루어졌는지, 소화 훈련을 통해 소화 호스 및 소화관의 상태 등을 확인할 수 있다. 또한, 소화설비의 즉시 사용을 위해 화재제어도와 비교하여 화재제어도에 표시된 지정된 장소에 소화기가 비치되어 있는지도 확인할 필요가 있다.

(나) 관련 규정은 국제협약은 SOLAS 1999/2000 Amend / Chapter II-2 / Reg. 10.3 등을 참조하고, 국내법은 선박소방설비기준의 제22조 등을 참조한다.

5.5.6. 소방원 장구 등 개인장구(Personal equipment for fire safety)

선박에서 화재 진압과 관련한 개인장비는 소방원 장구(fireman's outfit)를 말한다. 소방원 장구는 방화복, 장화, 장갑 등 개인장구 1조와 호흡구 및 구명줄 각 1개씩으로 구성되어 있으며, 선박에는 최소한 2조의 소방원 장구가 있어야 한다.

소방원 장구 및 개인 장구는 영구적이고 명확하게 표기된 쉽게 접근할 수 있는 장소에 즉시 사용할 수 있도록 보관되어야 한다.

소방원 장구는 특히 소화 훈련을 진행할 경우 소방원 장구의 비치 및 관리 상태뿐만 아니라, 소방원 장구의 착용에 대한 숙지를 점검한다.

(가) 주요 점검 항목으로는 ① 소방원 장구 비치 및 관리 상태, ② 자장식 호흡구의 공기 충전 상태, ③ 소방원 장구 착용에 대한 숙지가 양호한지 등이 있다.

(나) 관련 규정은 국제협약은 SOLAS 1999/2000 Amend/Chapter II-2/Reg. 10.10 등을 참조하고, 국내법은 선박소화설비기준 제32조 등을 참조한다.

〈그림 5-37〉 소방원장구 착용 및 소화훈련에 대한 점검 사진

5.5.7. 기름탱크 등의 부속장치(Quick closing valves)

기관 구역에서 화재가 발생하거나 고정식소화장치를 작동하기 전에, 기름이 누설할 수 있는 연료유관 등에 대해서는 이들 탱크가 설치되어 있는 장소에서의 화재 발생 시에 당해 장소 외부의 안전한 위치에서 폐쇄할 수 있는 콕 또는 밸브를 이들 탱크에 직접 부착하여야 한다. 흔히 선박에서는 "Quick closing valve"라고 한다.

선박에서 가연성 재료 또는 인화성 액체의 발화를 예방하기 위해 가연성 재료의 인화성을 제한하고 있고, 별도로 허용하지 않는 한, 인화점이 섭씨 60도 미만의 연료유를 사용할 수 없도록 하고 있다.

또한, 인화성 액체가 누설되는 것을 통제할 수 있는 수단(Quick closing valve 등)을 갖추고, 인화성 증기가 축적되는 것을 제한할 수 있는 수단(기관구역의 통풍 등)을 갖추도록 하고 있다.

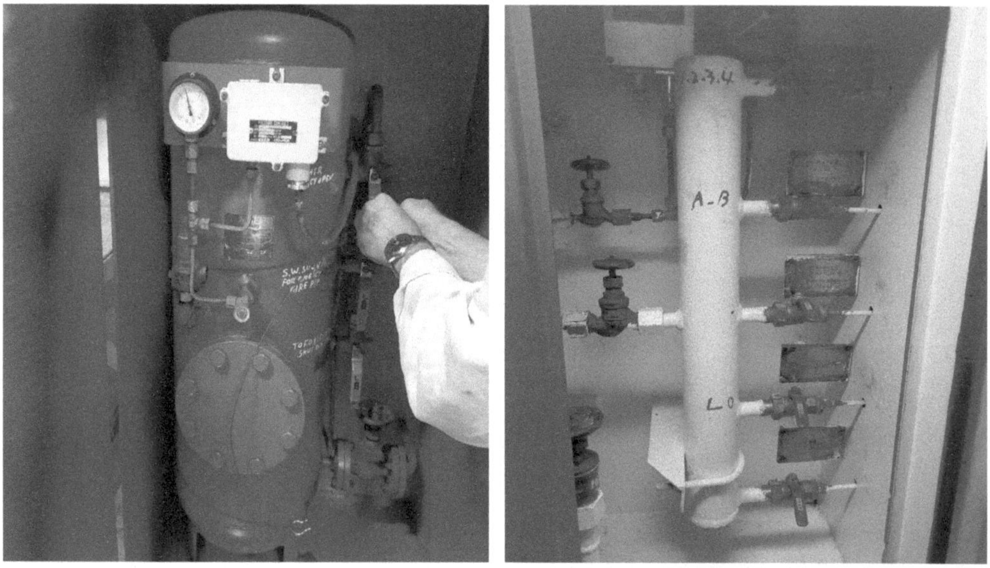

〈그림 5-38〉 Quick closing valve 점검 사진(Air로 작동되는 type)

연료유, 윤활유 탱크의 출구 밸브에 설치된 Quick closing valve의 경우 그림처럼 다양한 수단으로 차단될 수 있도록 운용되고 있다. Air를 통해 차단하도록 한 경우 Air 누설로 인해 차단밸브의 작동 상태 불량이 결함으로 식별되고, wire를 사용하는 경우 wire의 노후·부식으로 인해 밸브가 잠기지 않는 경우도 있다.

또한 윤활유 압력을 이용하는 경우 윤활유의 부족 또는 누유로 인해 밸브 작동 상태가 불량한 경우도 있다.

(가) 주요 점검 항목으로는 ① Quick closing valve의 작동 상태, ② Quick closing vlavle의 위치 및 작동 방법에 대한 숙지도 등이 있다.

(나) 관련 규정은 국제협약은 SOLAS 2015 Amend/Chapter II-2/Reg. 4.2 등을 참조하고, 국내법은 선박기관기준 제144조 등을 참조한다.

〈그림 5-39〉 Quick closing valve 점검 사진
(Wire(왼쪽) 및 윤활유 압력(오른쪽)으로 작동되는 type)

5.5.8. 방화댐퍼(Fire-dampers)

방화댐퍼란 통풍용 덕트에 설치된 장치로서, 평상시에는 덕트 내에 공기가 흐를 수 있도록 열려 있다가 화재 시에는 화재의 확산을 차단하기 위하여 덕트 내의 공기의 흐름을 막을 수 있도록 폐쇄하는 장치이다.

"자동방화댐퍼"는 화재에 노출되면 자동으로 닫히는 방화댐퍼이고, "수동방화댐퍼"란 댐퍼의 열림 및 닫힘이 선원에 의해 수동으로 조작되는 방화댐퍼를 말한다. 추가로, "원격조작방화댐퍼"란 선원이 작동되는 댐퍼로부터 멀리 떨어진 곳에 있는 제어장치를 사용하여 폐쇄할 수 있는 방화댐퍼를 말한다.

〈그림 5-40〉 연돌(funnel)측의 방화댐퍼 점검 사진

(가) 주요 점검 항목으로는 ① 방화댐퍼의 닫힘 상태, ② 방화댐퍼의 부식 및 파공 부위는 없는지 등이 있다.

(나) 관련 규정은 국제협약은 SOLAS 2014 Amend/Chapter II-2/Reg. 9.7.3 등을 참조하고, 국내법은 선박방화구조기준 제15조 등을 참조한다.

5.5.9. 탈출 설비(Means of escape)

선박에서 탈출 설비의 설치 목적은 선내의 인원이 구명정 또는 구명뗏목 승정갑판까지 안전하고 신속히 탈출할 수 있도록 탈출 수단을 제공하는 것이다. 이 목적을 위하여 다음의 기능적 요건이 요구된다.

① 안전한 탈출로가 제공되어야 한다 ;

② 탈출로는 방해물이 없는 안전한 상태가 유지되어야 한다 ; 그리고

③ 접근성의 확보, 분명한 표식, 비상시에 대한 적절한 설계와 같이 탈출을 위한 추가적인 조치가 제공되어야 한다.

〈그림 5-41〉 기관구역의 탈출설비(escape trunk) 점검 사진

(가) 주요 점검 항목으로는 ① 탈출 설비 내의 방화재, 비상등 및 자기폐쇄장치 등 관리 상태, ② 탈출 설비의 요건 및 규격이 협약 요구 사항을 충족하는지 등이 있다.

항행 구역 변경(연해구역에서 국제 항해로 변경)에 따라 탈출 설비의 요건을 충족하지 못하는 경우가 발생하기도 하니 해당 선박의 경우 탈출 설비에 대한 중점 점검이 필요하다.

(나) 관련 규정은 국제협약은 SOLAS 1999/2000 Amend/Chapter II-2/Reg. 13.2 등을 참조하고, 국내법은 선박설비기준 제48조 등을 참조한다.

5.5.10. 화재제어도(Fire control plan)

화재제어도는 선박 사관의 참조를 위하여 항구적으로 게시되어야 하며, 각 갑판에 대하여 제어 장소, A급 구획으로 폐위된 각종 화재 구역, 화재탐지 및 경보장치가 설비된 B급 구획으로 폐위된 구역, 스프링클러장치, 소화설비, 다른 구획 및 갑판 등으로 접근 수단, 그리고 송풍기 제어 장소, 댐퍼의 위치 및 각 구역용의 통풍 송풍기의 식별번호를 포함한 통풍장치를 상세하게 보여 주어야 한다.

화재제어도는 최신화가 유지되어야 하고, 어떠한 변경도 실행 가능한 한 빨리 기록되어야 한다. 만약 언어가 영어 또는 불어가 아닌 경우, 이들 둘 중의 하나로 번역된 것이 포함되어야 한다.

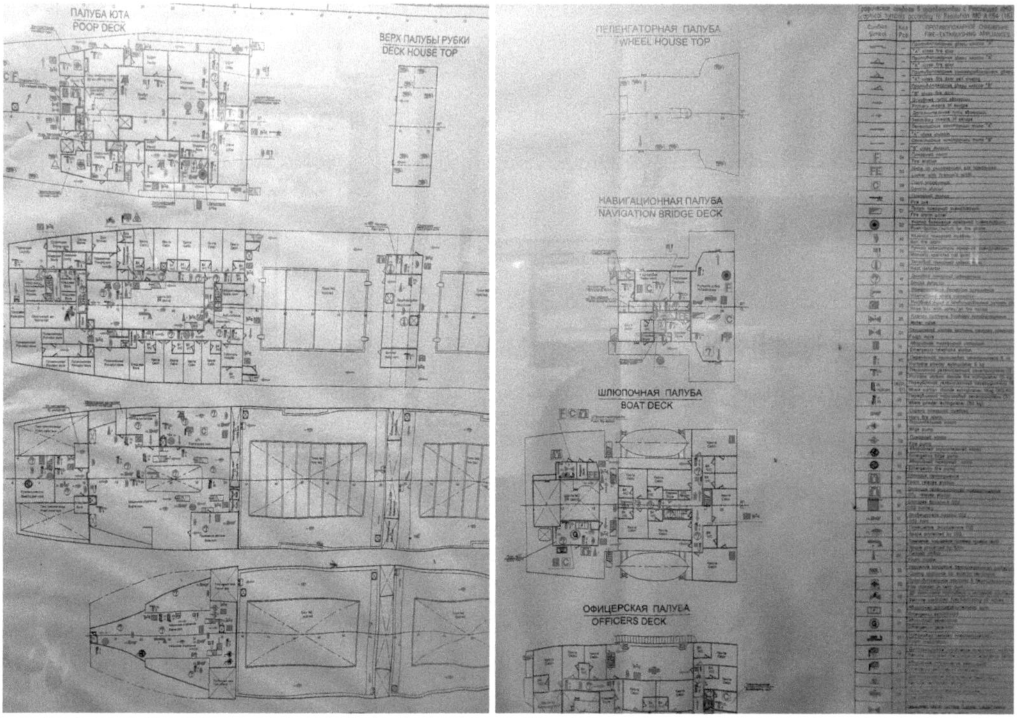

〈그림 5-42〉 선박의 화재제어도 점검 사진

(가) 주요 점검 항목으로는 ① 화재제어도의 관리 및 보관 상태, ② 화재제어도의 최신화 상태, ③ 화재제어도에 따른 선박의 소방설비의 비치 장소 및 수량 등이 일치하는지 등이 있다.

(나) 관련 규정은 국제협약은 SOLAS 2012 Amend/Chapter II-2/Reg. 15.2 등을 참조하고, 국내법은 선박방화구조기준 제70조 등을 참조한다.

5.6 기관 및 해양오염방지설비

선박의"기관"이라 함은 원동기 · 동력전달장치 · 보일러 · 압력용기 · 보조기관 등의 설비 및 이들의 제어장치로 구성되는 것을 말한다.

이러한 기관이 설치된 선박의 기관실은 각종 "기관"의 운동부분, 고온부분 및 기타 위험부분에 대하여 선내 인원에 대한 위험을 최소한으로 할 수 있도록 설치하여야 하며 또한 보호되어야 한다.

기관실은 또한, 다양한 연료 및 점화원이 존재하므로 선박에서 발생하는 화재의 상당 부분이 기관실에서 발생한다. IMO 연구에 따르면, 상선에서 발생하는 모든 화재 중 30~50%가 기관실에서 기인하며, 그중 70%는 압력 시스템으로부터의 기름 누출로 인한 것으로 나타났다. 이에 따라 연료유관은 발화원으로 기름이 비산 또는 누설되지 않도록 차폐되거나 적절한 방법으로 보호되어야 한다. 또한 기관실의 청결 상태를 유지하지 것은 화재 사고 예방을 위한 첫걸음이 된다.

제한된 구역의 기관실에는 또한 기름오염 방지설비, 분뇨오염 방지설비, 소각기 등의 해양오염 방지설비도 배치되어 있다.

이러한 해양오염 방지설비의 부적절한 운용, 유출은 해양오염의 중대한 요인이 될 수 있기에 기관실 점검에 있어 "기관"의 안전 운용 여부, 화재사고 예방을 위한 조치 상태와 더불어 해양오염 방지설비의 관리 및 운용 절차의 숙지 상태 등은 기관실 점검의 주요 항목이라 할 수 있다.

〈표 5-8〉 선박 기관실의 주요 점검 설비

구 분	설비 목록
1	Propulsion main engine & Auxiliary engine
2	Cleanliness of engine room
3	Oil filtering equipment
4	Sewage treatment plant
5	Incinerator
6	Steering gear

5.6.1 주기 및 보조기관(Main & Auxiliary engine)

1) 안전장치(safety device)

주기관 및 보조기관에는 윤활유 공급 정지 등의 고장이 발생하여 파괴, 중대한 손상 또는 폭발의 우려가 있는 경우에는 자동으로 기관을 정지시키는 장치를 설치하여야 한다. 또한, 냉각수 온도(jacket cooling fresh water)가 과도하게 높거나 과회전(overspeed)할 우려가 있는 경우에는 기관을 즉시 정지시키는 안전장치가 설치되어 있다.

이러한 안전장치는 주기관 및 보조기관의 손상으로 인한 기관 사고와 이에 따라 발생할 수 있는 2차 사고를 예방하기 위해 중요한 장치이기 때문에 선박에서 자체적으로 안전관리 매뉴얼에 따라 정기적으로 안전장치에 대해 점검이 수행되었고 기록 관리를 하는지를 확인해 볼 필요가 있다.

〈그림 5-43〉 선박의 주기관 및 보조기관 점검 사진

2) 정기적으로 무인이 되는 기관구역(unattended machinery space)

정기적으로 무인이 되는 기관 구역의 경우, 선박추진을 위하여 필요한 기관에 대하여 예비의 보기가 요구되는 운전에는 자동절환장비를 설치하여야 한다. 모든 중요 부위의 압력, 온도, 액면레벨, 기타 중요사항에 대해서는 적합한 경보장치를 설치하여야 하고, 자동절환시에는 경보를 발하여야 한다.

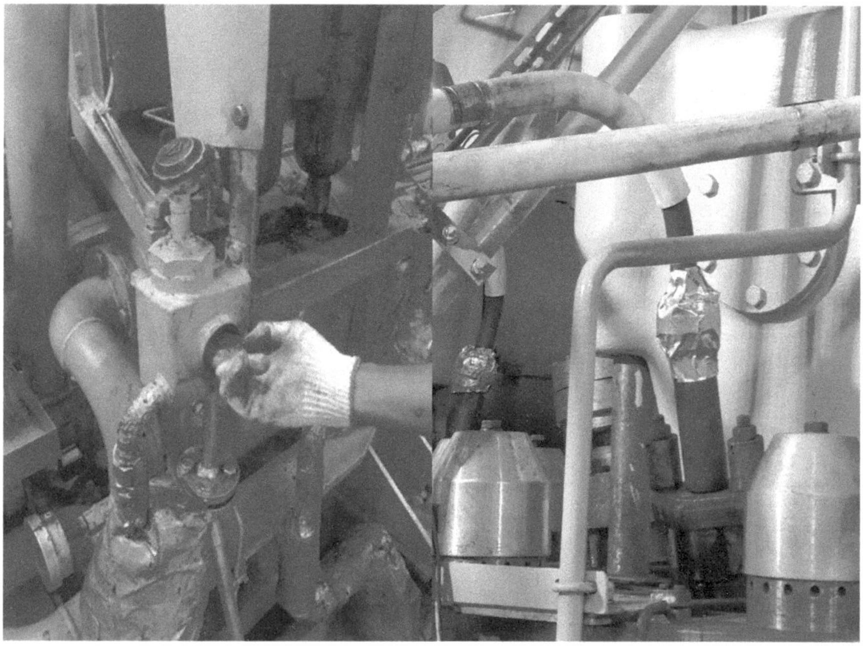

〈그림 5-44〉 주기관의 고액면경보장치 등 점검 사진

3) 연료유관(oil fuel piping)에 대한 조치

고압 연료 펌프(high pressure fuel pumps)와 연료 분사기(fuel injector) 사이의 외부 고압 연료 이송관(external high pressure fuel delivery)은 고압관의 손상 시 연료를 수납할 수 있는 피복관 장치로 보호되어야 한다. 피복관 장치는 누유를 회수할 수 있는 장치를 포함하여야 하며 연료유관의 손상 시 경보를 발하는 장치가 설치되어야 한다. 주기관 및 발전기의 연료유 누유에 따른 "fuel oil leakage alarm"시험은 고온의 발화원으로 작용할 수 있는 연료유 넘침에 대한 예방을 위해 중요한 점검 항목이다.

또한, 가능한 한 연료유관은 뜨거운 표면, 전기장치 또는 기타 발화원으로부터 멀리 떨어져서 설치하여야 하며 또한 발화원으로 기름이 비산 또는 누설되지 않도록 "Anti spray tape"로 적절하게 차폐되도록 하여야 한다.

(가) 주요 점검 항목으로는 ① 주기관 및 보조기관의 정상 작동 및 예비발전기 상태, ② 주기관 및 보조기관 안전장치의 정상 작동 여부 및 주기적인 점검·기록 관리 여부, ③ 고액면경보장치의 시험 및 정상 작동 상태, ④ 고온부에 비산방지 장치가 적절하게 시공되어 있는지 등이 있다.

(나) 관련 규정은 국제협약은 SOLAS 1996-1998 Amend/Chapter II-1/Reg. 26, SOLAS 2015 Amend/Chapter II-2/Reg. 4.2 등을 참조하고, 국내법은 선박기관기준 제179조 등을 참조한다.

5.6.2 기관실 청결(Cleaniness of engine room)

특정 선박을 제외하고는 기관실은 대체로 제한된 분할 및 구획, 제한된 출입 및 설비 간의 정해진 경로만으로 이동할 수 있는 폐쇄된 공간이다.

따라서 기관실에서의 화재 사고는 종종 안전상의 이유로 효과적인 소방(firefighting)이 시간상으로 제한될 수 있는 매우 어려운 환경 조건을 제공하며, 시야가 거의 없거나 전혀 없을 때 현실적으로 화재에 대처하기가 어려운 장소라고 할 수 있다.

앞서 언급하였듯이, 선박에서 발생하는 화재 사고의 30~50%가 기관실에서 발생한다. 기관실이 상당히 오염되어 있고, 오염 및 인화성 물질로 인해 바닥이 미끄럽거나 흥건히 고여있다는 것은 화재 발생 가능성을 고려하지 않을 수 없다. 이에 따라 기관실 청결 상태가 상당히 불량한 경우 출항 정지 결함으로 자주 식별되기도 한다.

기관실 청결 상태를 점검하기 위한 최소 항목들은 다음과 같다,

① 기관실은 청결하고 정돈되어 있는지;

② 기관실 Bilge에는 기름이나 유성 찌꺼기(sludge)는 없는지;

③ 별도의 청정기실 등은 깨끗하고 누유 발생 부위를 기름걸레 등으로 임시 조치하고 있지는 않은지;
④ 주기관 및 보조기관 등의 coaming 부문은 깨끗하고 sludge는 없는지;
⑤ 기관실 바닥부는 sludge가 없고 미끄럽지는 않은지 등.

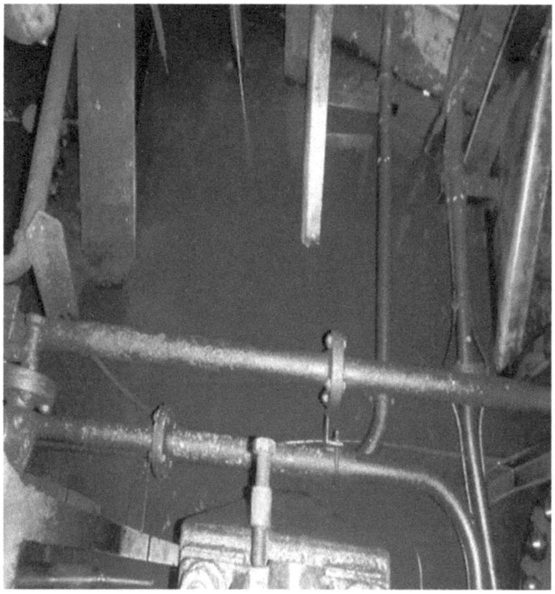
〈그림 5-45〉 기관실 floor deck 하부 점검 사진

(가) 주요 점검 항목으로는, ① 기관실 각부 청결 상태, ② 폐기물관리 계획서에 따른 폐기물의 적절한 관리 상태, ③ 유성 찌꺼기의 적절한 처분 및 보유 상태 등이 있다.

(나) 관련 규정은 국제협약은 SOLAS 1981 Amend / Chapter II-1 / Reg. 26 등을 참조하고, 국내법은 선박기관기준 제181조 등을 참조한다.

5.5.3 기름여과장치(Oil filtering equipment)

선박의 기관실에서는 각종 기기의 운전이나 정비 또는 각종 기기와 배관계통으로부터의 누설 등으로 인하여 유성 혼합물(oil mixture)이 발생하게 된다. 이 경우 각 계통에서 정상적으로 발생하는 유성 혼합물 등은 각각 bilge 탱크와 drain 탱크에 저장되며 정비 또는 누설 등에 의해 비정상적으로 발생하는 유성 혼합물은 기관실 바닥(bilge well)에 모이게 된다. 이렇게 선박의 밑바닥에 고인 액상 유성 혼합물을 선저폐수, 즉 bilge라고 한다. 이러한 bilge는 bilge holding tank로 이송되어 저장되었다가 기름여과장치를 거쳐 15 ppm 미만의 oily bilge water는 선외로 배출되고, 유분은 선박에 따라 Oily bilge tank 등으로 회수된다.

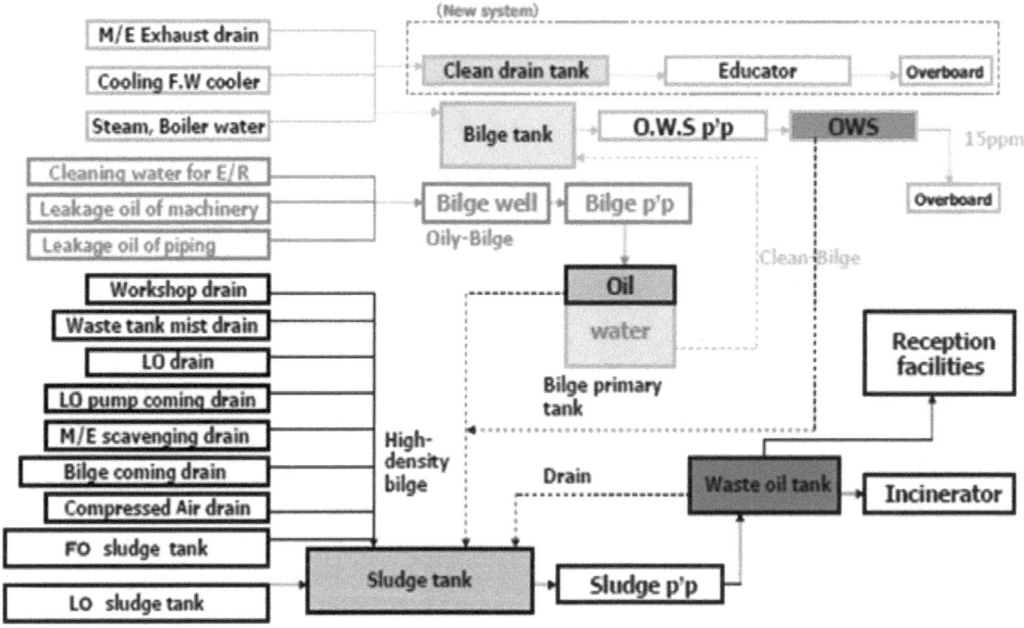

〈그림 5-46〉 기관실의 유성혼합물(oil mixture), 유성찌꺼기(sludge) 등의 배관도

선박으로부터의 기름을 배출하는 경우에는 다음 요건에 모두 적합하게 배출하여야 한다.

① 선박(시추선 및 플랫폼을 제외한다)의 항해 중에 배출할 것;
② 배출액 중의 기름 성분이 0.0015퍼센트(15 ppm) 이하일 것.
③ 기름여과장치 등 기름오염 방지설비의 작동 중에 배출할 것.

추가로, 선저폐수 또는 유성 찌꺼기를 저장탱크로부터 수용시설에 이송할 수 있는 관장치와 표준 배출연결구를 갖추어야 하고, 표준 배출연결구는 규격에 적합한 것이어야 한다.

〈그림 5-47〉 기름여과장치(oil filtering equipment)의 점검 사진

(가) 주요 점검 항목으로는, ① 기름여과장치의 작동 및 관리 상태, ② 선저폐수농도경보장치(15 ppm bilge alarm arranegement)의 작동 상태, ③ 유면 검출기(oil level detector) 작동 상태, ④ 기름여과장치 사용에 따른 기름 기록부(oil record book) 기록 상태 및 ⑤ 미승인된 배관 설치 유무 등이 있다. 이러한 점검 항목에 따라 기름여과장치의 심각한 손상, 작동 상태 불량 등의 경우에는 출항 정지 항목으로 고려될 수 있다.

(나) 관련 규정은 국제협약은 MARPOL 2015 Amend/Annex I/Reg. 14 등을 참조하고, 국내법은 선박에서의 오염방지에 관한 규칙 제15조 등을 참조한다.

5.6.4 분뇨오염방지설비(Sewage treatment system)

"분뇨"란 ① 모든 형태의 화장실이나 소변소로부터 나오는 배출물과 쓰레기, ② 의무실, 병실 등의 의료구역의 세면기, 세탁통 및 배수구를 통하여 나오는 배출물, ③ 살아 있는 동물이 들어있는 장소로부터의 배출물, ④ 이러한 배출물과 혼합된 폐수 등을 말한다.

총톤수 400톤 이상의 선박 또는 선박검사증서 상 최대승선인원이 16명 이상인 선박 등은 선박 안에서 발생하는 분뇨를 저장·처리하기 위한 설비(이하 "분뇨오염방지설비"라 한다)를 설치하여야 한다.

이러한 분뇨오염방지설비에는 분뇨처리장치(sewage treatment plant), ② 분뇨마쇄소독장치(sewage comminuting and disinfecting system), ③ 분뇨저장탱크(sewage holding tank) 등이 있다.

분뇨처리 장치는 교반기, chemical(일부 최근 선박의 경우 ozone) 등을 이용하여 분뇨를 생물화학적으로 처리하는 방법이다. 특히 이 장치는 분뇨에 미생물이 급속히 생성할 수 있도록 공기를 공급하여 분뇨 중의 유기물이 미생물에 의해 분해되기에 통풍장치인 air blower의 역할이 중요하다.

이러한 사유로 air blower의 고장 및 장기간 미사용은 분뇨처리장치가 적합하게 운용되지 않고 있다는 것이기에 출항 정지 항목으로 자주 식별되는 사항이다.

〈그림 5-48〉 분뇨처리장치의 점검 사진

분뇨저장장치는 마쇄하지 아니하거나 소독하지 아니한 분뇨를 저장탱크에 저장하다가 영해기선으로부터 12해리를 넘는 거리에서 선박이 4노트 이상의 속력으로 항해하면서 서서히 배출하는 방식으로 최근에는 선박 운항 일정상 분뇨저장장치와 분뇨처리장치를 함께 운용하는 선박들이 많다.

분뇨저장탱크를 설치한 선박은 분뇨를 배출하기 위해 배출률(선박의 흘수 및 속력에 따른 시간당 폐기물 배출량)을 승인받아야 한다. 또한, 분뇨저장탱크는 그 내용물의 양을 시각적으로 표시하는 수단을 갖추고 있어야 한다.

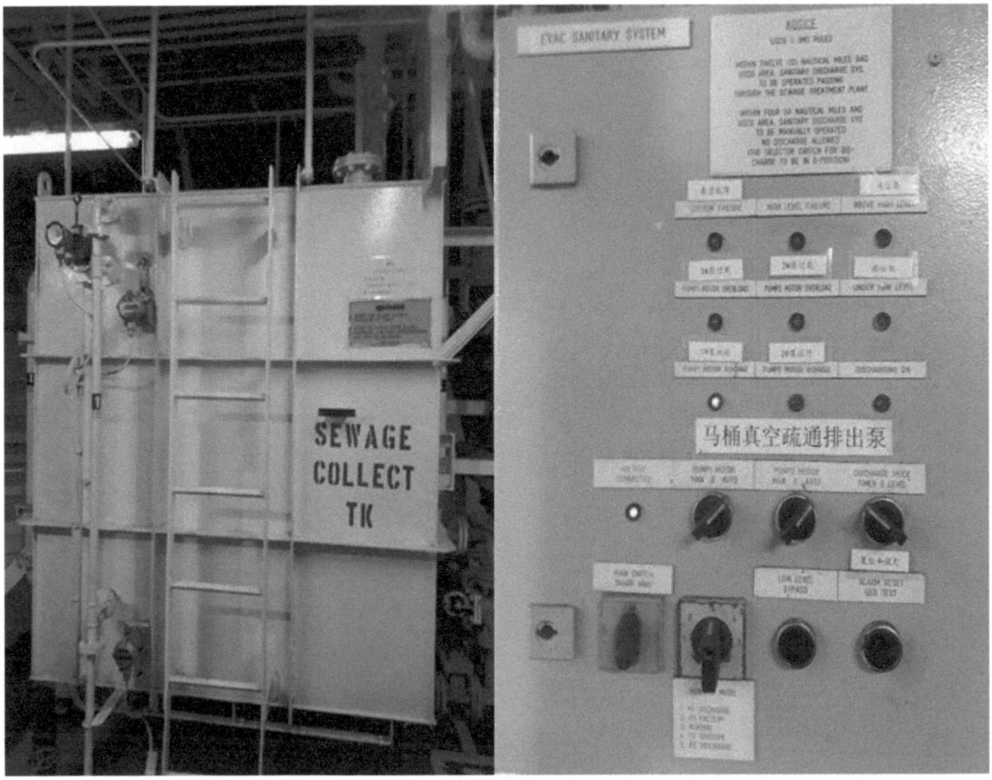

〈그림 5-49〉 분뇨저장장치의 점검 사진

(가) 주요 점검 항목으로는 ① 분뇨처리장치의 정상 작동 및 관리 상태, ② 분뇨저장장치의 작동 상태 및 시각적 지시장치의 설치 유무, ③ 국제오수오염방증서에 기재되지 않은 탱크를 분뇨저장장치로 사용하고 있지는 않는지, ④ 분뇨저장탱크를 운용하고 있는 선박의 경우 배출량을 승인받았는지 등이 있다.

(나) 관련 규정은 국제협약은 MARPOL 2011 Amend/Annex IV/Reg. 9 등을 참조하고, 국내법은 선박에서의 오염방지에 관한 규칙 제14조 등을 참조한다.

5.6.5 소각기(Incinerator)

선박이 운항 중에는 기름여과장치에서 분리된 기름, 청정기에서 나오는 유성 찌꺼기, 여과기나 기름 탱크의 드레인 등의 폐유가 발생한다. 이러한 폐유는 육상의 처리 시설로 보내어 처리하거나 선내에서 소각 처리해야 한다.

이러한 소각기는 선내에서 발생한 유성 찌꺼기 등을 선박 자체에서 소각시키기 위한 장치로서, 선내에 설치되는 소각기는 과열되기 쉬우므로 화재 발생의 염려를 줄이기 위해 기기들이 밀집되지 않은 기관실 상부에 설치되는 것이 보통이다.

화물로 운송되는 기름·유해액체물질 및 포장유해물질의 잔류물과 그 물질에 오염된 포장재, 폴리염화비페닐, 중금속이 많이 함유된 쓰레기 등은 선박 안에서 소각을 금지하고 있지만, 폴리염화비닐(PVC, polyvinyl chlorides)의 경우 IMO type 형 소각기(2000년 1월 1일 이후 건조된 선박의 소각기)는 소각이 가능토록 허용하고 있다.

(가) 주요 점검 항목으로는 ① 소각기의 정상 작동 상태, ② 소각기에 설치된 안전 장치의 작동 상태, ③ 소각기 내부 내화벽돌의 상태 등이 있다.

특히 IMO type 형 소각기의 경우 소각기 작동 방법을 설명한 제조자의 작동 설명서가 제공되고 본선에 보관되어 있는지, 소각기의 운전에 책임이 있는 사람이 작동 설명서에서 제공되는 지침을 이행하도록 훈련을 받았고 기기 작동에 친숙한지도 점검 항목에 포함될 수 있다.

(나) 관련 규정은 국제협약은 MARPOL 2008 Amend/Annex VI/Reg. 16 등을 참조하고, 국내법은 해양환경관리법 제46조 등을 참조한다.

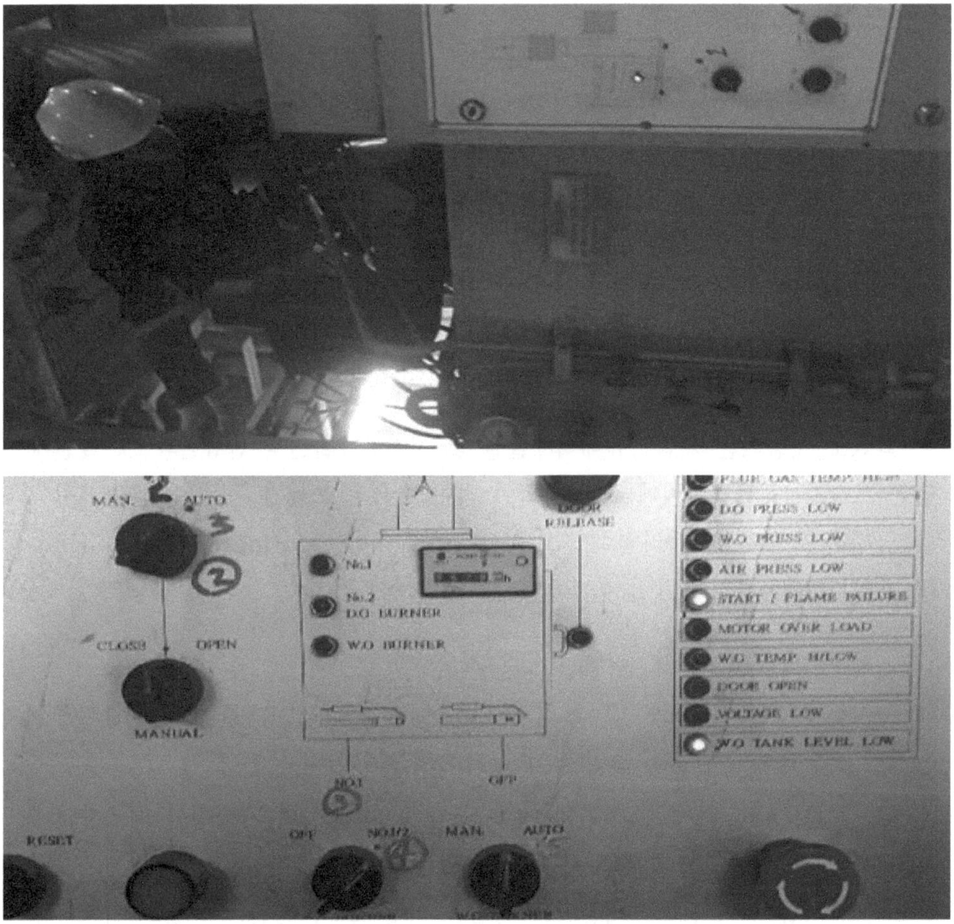

〈그림 5-50〉 소각기 점검 사진

5.6.6. 조타 설비(Streering gear)

선박에는 주 조타장치 및 보조 조타장치를 설치하여야 한다. "주 조타장치"라 함은 통상의 항해상태에서 사용하는 조타장치를 말하고, "보조 조타장치"는 주조타장치의 고장 시에 필요한 장치로서 주 조타장치와 독립된 것을 말한다.

주 조타장치 및 보조 조타장치의 동력장치는 동력공급이 정지된 후에 다시 회복되면 자동으로 기동 되어야 한다.

또한 선교에서 조작할 수 있어야 하고, 조타장치나 동력 장치 중의 어느 1개가 고장 난 경우에는 선교에 가시, 가청의 경보를 발할 수 있어야 한다.

〈그림 5-51〉 조타기 점검 사진

유압으로 작동되는 동력조타 장치에는 선교 및 기관 구역의 적당한 장소에서 가시·가청의 경보를 발할 수 있는 작동유 탱크의 저유면 경보장치를 설치하여야 하고, 이 경우 저유면경보장치를 2개 이상의 작동유탱 크에 설치하는 경우 해당 저유면 경보장치는 유면이 저하하고 있는 탱크를 식별할 수 있어야 한다.

한편, 조타기실은 항상 접근할 수 있어야 하며 가능한 한 기관 구역으로부터 분리 설치하여야 한다. 작동유가 누설된 경우에도 조타장치 및 제어장치에 작업상 접근할 수 있도록 작업조건을 확보하기 위해 손잡이(handrail) 및 그레이팅(grating) 또는 기타 표면이 미끄러지지 않도록 조치(non-slip surfaces)된 것이어야 한다.

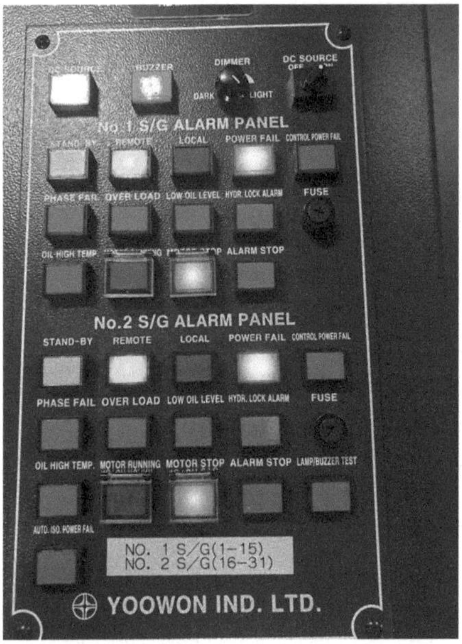

〈그림 5-52〉 조타기 알람장치 점검 사진

(가) 주요 점검 항목으로는 ① 조타기 소화기, 소화전 등 관리 상태, ② 소화기의 점검 및 기록 관리 여부, ③ 소화 호스의 부식 및 파공 여부 등이 있다.
또한 선교(동력조타장치를 설치한 선박)에서는 선교에서 조작하는 제어계통 및 동력장치의 전환 순서를 나타내는 조타 설명서를 게시하였는지도 점검 항목으로 포함된다.

(나) 관련 규정은 국제협약은 SOLAS 2014 Amend/Chapter II-1/Reg. 29 등을 참조하고, 국내법은 선박설비기준 제73조 등을 참조한다.

❖ 선박으로부터 배출되는 다음의 대기오염물질에 대한 국내외 규제 현황에 대해 조사해 보고, 각 규제물질별 점검 방법에 대해 토론해 보자.

- 오존층파괴물질
- 황산화물
- 질소산화물
- 이산화탄소
- 휘발성유기화합물

5.7 선박의 비상시스템(Emergency systems)

선박은 항공기나 자동차 등과 달리 해상이라는 특수한 위험이 따르는 환경에서 육상과 고립되어 긴 시간 해상항행에 종사하고 있다.

이러한 해상에서 선박의 비상 전원, 비상 발전기, 비상 훈련 등 각종 비상 설비와 시스템은 해양사고 등 비상 위험 상황 발생 시 인명, 해양오염 및 대형 해양 사고로 이어질 수 있는 가능성과 위험성을 줄이는 데 매우 중요한 수단(Back-up arrangements)이다. 선박의 비상 설비는 급박한 위험 상황에서 즉시 사용될 수 있도록 주기적인 관리와 성능이 항시 확보되어야 하며, 비상 시스템에 대한 선원의 친숙화도 필수적으로 수반되어야 한다.

최근 3년(2020~2022년) 아시아·태평양 및 유럽지역 항만국통제 통계자료에 따르면 총 19개 분야(결함 코드별) 중 비상 시스템 분야가 매년 평균 5번째 이내(전체 결함 건수의 약 7% 차지)로 높은 비율을 차지하고 있으며, 그중 비상 소화펌프 및 비상 발전기의 경우 매년 중대결함으로 인해 출항 정지 항목 Top10에 포함되고 있다.

비상 소화펌프, 비상 발전기 등 선박 비상 설비의 효율적인 관리와 유지 및 선원의 비상 시스템 등의 운용 수준을 제고하여 실제 상황 발생 시 신속 대응할 수 있도록 하기 위함은 물론 나아가 대형 해양 사고를 예방하기 위해 비상 시스템에 대한 점검은 무엇보다 중요한 항목이다.

〈표 5-9〉 선박의 주요 비상 시스템 목록

구 분	목 록
1	Emergency fire pump
2	Emergency generator
3	Muster list
4	Fire drill
5	Abandonship drill

5.7.1 비상소화펌프(Emergency fire pump)

어느 1개의 구획실 내에서 1건의 화재로 인하여 모든 소화 펌프가 작동 불능이 될 우려가 있는 경우, 아래의 요건에 따라 고정식 비상소화펌프가 설치되어야 한다.

〈표 5-10〉 고정식 비상소화펌의 설치 요건

Date of constructed	Cargo ship	Passenger ship
1980. 5. 25 ~ 2002. 6. 31.	GT 2,000 and upwards	-
2002.7.1. ~	All cargo ship	less than GT 1,000

고정식 비상소화펌프는 디젤엔진 또는 전동모터로, 독립적으로 구동되는 동력 작동 펌프이어야 하며, 어떠한 소화전에서도 2줄기의 사수를 방출할 수 있어야 한다.

〈그림 5-53〉 비상소화펌프 점검 사진

디젤 엔진 구동의 경우, ① 0℃의 한랭조건에서도 손으로 수동시동이 가능하고, 다른 시동 수단으로 처음 10분 이내에 2회, 30분 이내에 6회 이상 시동할 수 있어야 한다. ② 모든 연료유 탱크는 비상 소화펌프를 최소한 3시간 동안 최대부하 상태로 운전할 수 있는 충분한 용량의 연료를 저장할 수 있어야 한다.

전동모터 구동의 경우, 비상 소화펌프의 전원은 비상 발전기로부터 공급될 수 있어야 한다.

공선 상태에서 프라이밍 시스템이 설치되어 있다면 모터, V-belt, 클러치, 레버를 포함한 프라이밍 장치는 비상소화펌프가 가동될 수 있을 때까지 작동되어야 한다.

고정식 비상소화펌프가 설치되지 않는 경우에는, 대체 수단은 주관청의 성능요건에 만족하여야 한다. 통상적으로 대체 수단으로 선박에서는 이동식 비상 소화펌프를 비치하고 있다.

비상 소화펌프가 협약에서 요구하는 사항과 같이 정상적으로 작동되지 않고, 적절히 관리되지 않았을 경우 출항 정지 항목으로 고려될 수 있다.

(가) 주요 점검 항목으로는 ① 비상 소화펌프의 작동 상태 및 누설 여부, ② 비상 소화작동에 따른 소화 호스로부터의 방출 상태, ③ 비상 전원을 통한 비상 소화펌프의 전력 공급이 원활히 이루어지는지 등이 있다.

(나) 관련 규정은 국제협약은 SOLAS 1999/2000 Amend/Chapter II-2/Reg. 10.2.2.3.2 등을 참조하고, 국내법은 선박소방설비기준 제6조 등을 참조한다.

5.7.2 비상발전기(Emergency generator)

비상 발전기는 통상적으로 기관 구역의 외부에 설치되어 있는 발전기로서, SOLAS(as amended)/Chapter II-1/Reg.42~43의 요건을 만족하기 위해, 주전원으로부터의 공급이 차단되는 경우 비상배전판(ESBD, Emergency Switchboard)에 접속되는 발전기이다.

여기서 비상배전반은 주전력 공급 계통(main electrical power supply system)에 고장이 발생한 때 비상 전원(emergency source of electric power) 또는 임시비상전원(transitional source of emergency electrical power)에 의하여 직접 송전 되어 비상 장치에 전력을 공급하는 배전반이다.

비상 발전기는 45초 이내에 비상배전반에 급전할 수 있어야 하며, 이를 위해 최소 3회의 연속시동이 가능한 축전지 등이 설치되어야 한다. 선박에서는 주로 비상 발전기의 시동장치로서 전기식, 유압식, 압축공기식 장치를 설치하고 있다.

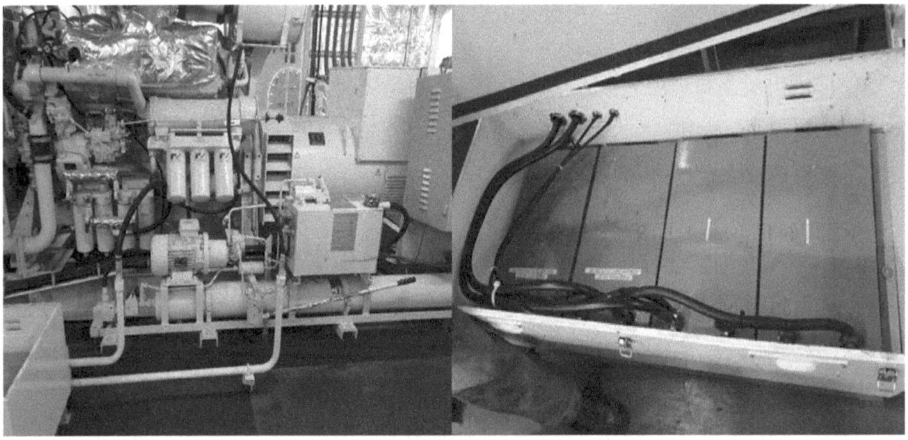

〈그림 5-54〉 전기식 시동장치 비상발전기 점검 사진

항만국통제관은 비상 발전기의 시동 시 급전되는 비상 설비의 작동시간(여객선 36시간, 화물선, 18시간)을 만족할 수 있는 충분한 양의 연료가 비축되어져 있는지 확인할 수 있다.

또한 비상 발전기의 기동 중, 윤활유 압력, 냉각수 온도, 회전수 등 장치의 정상 작동 상태를 나타내는 게이지를 확인해야 한다. 아울러 비상배전반 상의 주파수, 전압 및 절연저항의 상태를 확인할 필요가 있다.

비상 발전기의 정기적 점검을 위해 자동기동을 시험할 수 있는 별도의 장치가 설치된 경우 이를 점검 항목으로 활용할 수 있다.

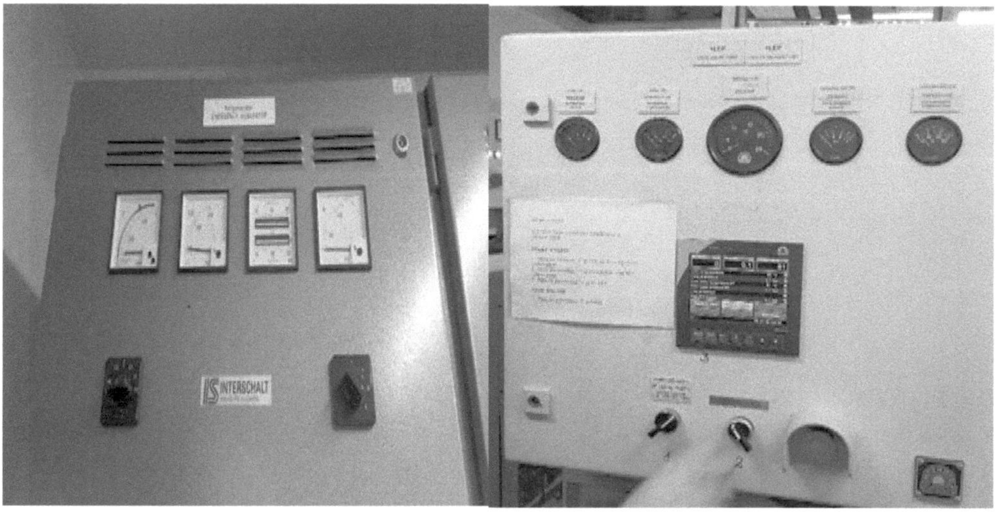

〈그림 5-55〉 비상배전판 등 점검 사진

이 시험설비는 인위적인 블랙아웃 신호를 발생시킴으로써 비상 발전기의 자동기동을 유도하게 한다. 만약, 자동기동 시험에 실패하는 경우 실제 블랙아웃(black-out) 테스트를 통해 45초 이내 비상 전원의 급전 여부에 대하여 확인할 수 있다.

비상 발전기가 협약에서 요구하는 사항과 같이 정상적으로 작동되지 않고, 적절히 관리되지 않았을 경우 이는 출항 정지 결함으로 고려될 수 있다.

(가) 주요 점검 항목으로는 ① 비상 발전기 시동장치의 작동 및 관리 상태, ② 비상 발전기의 정상 작동 여부, ③ 자동 시동장치가 설치된 경우 선원의 작동 시험 및 작동 친숙화 여부 등이 있다.

(나) 관련 규정은 국제협약은 SOLAS 1991/1992 Amend/Chapter II-1/Reg. 44 등을 참조하고, 국내법은 선박전기설비기준의 제130조 등을 참조한다.

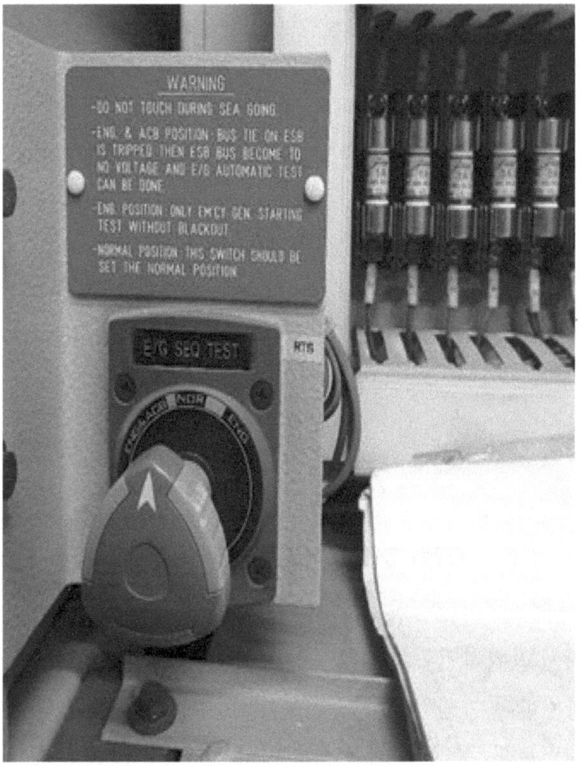

〈그림 5-56〉 자동시동장치 점검 사진

5.7.3 비상 배치표(Muster list)

비상 배치표는 SOLAS(as amended)/Chapter III/Reg.37 규칙에 따라 선원들에 의해 적절히 관리되고, 항해 선교, 기관실과 선원 거주 구역을 포함한 눈에 잘 띄는 장소에 게시되어야 한다.

항만국통제관은 비상 배치표가 협약 규정에 부합되는지 여부를 판단할 때, 다음 사항을 검증할 수 있다.

① 총 비상경보 또는 선내 방송 장치의 상세, 구명 및 소화설비의 담당자 지정 및 공백이 생길지도 모르는 핵심 요원의 대행자 지정 등이 비상 배치표에 명시되어 있는지;
② 각 승무원에게 주어진 임무를 비상 배치표에 표시하였는지 여부;
③ 만약 비상 배치표의 변경을 요하는 승무원의 변화가 있다면 비상 배치표는 최신화되었는지 여부 등

〈그림 5-57〉 비상배치표 점검 사진

특히 비상 배치표의 경우 양식에 대한 승인을 받았는지, 비상시 여객과 관련하여 승무원에게 주어진 임무를 비상 배치표에 표시하였는지 여부도 여객선을 점검할 경우 비상 배치표에 대한 중요한 점검 항목이다.

(가) 주요 점검 항목으로는 ① 협약 요건에 맞는 비상 배치표 작성 및 비치 여부, ② 비상 배치표의 최신화 여부, ③ 여객선의 경우 비상 배치표를 승인받았는지 등이 있다.

(나) 관련 규정은 국제협약은 SOLAS 2017 Amendment (98th)/Chapter III/Reg. 37 등을 참조하고, 국내법은 선원법 제15조 등을 참조한다.

5.7.4 소화 훈련(fire drill)

실행 가능한 한 훈련은 실제 비상 상태에 준하여 수행되어야 한다. 모든 선원은 매달 1회의 퇴선 훈련과 1회의 소화 훈련에 참여하여야 하고, 국내항과 외국항을 운항하는 여객선의 경우 7일마다 실시하여야 한다. 또한, 당해 선박의 선원이 4분의 1 이상 교체된 때에는 출항 후 24시간 이내에 비상 훈련을 실시하여야 한다.

퇴선 훈련과 소화 훈련의 상세는 주관청이 규정하는 바와 같은 항해일지에 기록되어야 한다. 만일 훈련이 지정된 때에 충분히 행하여지지 아니한다면 실행된 훈련의 정도와 당시의 주위 환경을 항해일지에 기록하여야 한다.

소화 및 퇴선 훈련을 지켜보고 있는 항만국통제관은 선원들이 그들의 임무와 선박의 설비와 장비의 적절한 사용법을 숙지하고 있는지 확인해야 한다.

·만약 항만국통제관이 선원이 그들의 임무에 능숙하지 못하거나 또는 구명 & 소화 장비를 안전하게 운용할 능력이 되지 않는다고 결정하면, 항만국통제관은 훈련을 중지하고, 선장에게 훈련이 실패하였음을 통보한다.

그러나 항만국통제관은 선장의 판단에 따라 선박, 선원 또는 화물의 안전을 위태롭게 할 수 있는 훈련을 요구하지 않아야 한다.

(가) 주요 점검 항목으로는 ① 소화 훈련이 예정대로 시행되었으며 기록되어 있는지, ② 소화훈련은 만족스럽게 실행되는지 등이 있다.

(나) 관련 규정은 국제협약은 SOLAS 2013 Amend/Chapter III/Reg. 19 등을 참조하고, 국내법은 선원법 제15조 등을 참조한다.

〈그림 5-58〉 소화훈련 참관 사진

5.7.5 퇴선 훈련(abandonship drilll)

항만국통제관은 퇴선 훈련을 위해 선장과 협의한 후 하나 이상의 생존정에 대한 퇴선 훈련을 요구할 수 있다. 퇴선 훈련의 핵심은 생존정이 비상배치표 상에 배정된 승무원에 의해 운영되어져야 되고, 퇴선 훈련 시 포함해야 할 사항은 다음과 같다.

① 규정된 경보 신호로 여객과 선원을 소집 장소로 소집시키고 비상 배치표에 명시된 퇴선 절차를 숙지하고 있는지;

② 소집 장소로 집결하고 비상 배치표에 명시된 책임 사항들을 준비하였는지;

③ 여객과 선원들이 적절한 복장을 착용하였는지;

④ 구명조끼가 정확히 착용되었는지;

⑤ 구명정 강하 및 엔진의 작동 상태는 양호한지;

각 구명정은 적어도 3개월에 한 번 퇴선훈련 시행 중 진수되어 수면 위에서 지정된 작동요원에 의해 조종되어야 한다.

〈그림 5-59〉 퇴선훈련 참관 사진

추가로, 선박의 소화 및 구명설비의 사용, 해상에서 생존에 관한 교육은 훈련(drill)과 같은 간격으로 시행되어야 한다. 개별적인 교육은 선박의 구명 및 소화설비 일부분만 시행할 수 있으나, 선박의 모든 구명 및 소화설비에 대한 교육은 2개월 이내에 시행되어야 한다.

(가) 주요 점검 항목으로는 ① 퇴선 훈련에 대한 기록 관리 상태, ② 퇴선 훈련에 따른 승무원의 임무 숙지 상태, ③ 협약 규정에 따른 신속한 퇴선 여부 등이 있다.

(나) 관련 규정은 국제협약은 관련 규정은 국제협약은 SOLAS 2013 Amend/Chapter III/Reg. 19 등을 참조하고, 국내법은 선원법 제15조 등을 참조한다.

❖ 선박에서 실시하는 다양한 비상훈련의 종류와 시행 시기 등에 대하여 조사해 보자.

❖ PSC deficiency action taken(출처: Paris MoU 홈페이지)

① Rectified (code 10)

Used for a deficiency which has been rectified and verified by a PSCO.

② To be rectified at next port (code 15)

Use for a deficiency which cannot be rectified before departure but which the PSCO requires the rectification at the next port.
This action requires that the deficiency is rectified at the next port. It is possible that the repair work or delivery of equipment may take place during the ship's stay in that port.

③ To be rectified within 14 days (code 16)

Used for a deficiency which, in the PSCO's professional judgement, is not serious enough to require urgent rectification or verification by a PSCO before departure.
This action taken sets a maximum limit of 14 days but it is left to the master's responsibility to rectify the deficiency as soon as necessary and reasonable within that period.

④ To be rectified before departure (code 17)

Used for a deficiency which:
should be rectified before the ship sails but is not serious enough to warrant detention,
or/and can reasonably be rectified before the ship sails.
If the ship is not detained it is left to the master's responsibility to rectify the deficiency before departure. No verification by a PSCO is required (at that port call).
If a deficiency which is to be rectified before departure is verified by a PSCO as rectified before the ship departs it should be recorded as rectified.

⑤ Detainable deficiency (code 30)

ISM Code
(International Safety Management)

6

6.1 ISM Code 배경

ISM Code는 해운 산업의 안전성과 지속 가능성을 확보하기 위한 국제적 표준으로 자리잡았다. 이를 통해 선박의 구조적 안전뿐만 아니라 인적 요인 및 관리 체계까지 포괄적으로 관리하여 해양 사고를 줄이고, 해양 환경을 보호하는 데 중요한 역할을 하고 있다.

1) 주요 사고 사례

1980년대와 1990년대 초반에 발생한 대규모 해양 사고는 국제 사회에 선박 안전 관리의 중요성을 일깨우는 계기가 되었다.

- Herald of Free Enterprise(1987년): 벨기에 제브뤼헤 항에서 RO-RO 카페리선이 Bow door를 닫지 않은 상태로 출항하여 침몰, 193명의 인명 피해를 초래. 사고 원인은 선원의 임무 소홀과 부적절한 통신 관리였다.
- EXXON Valdez(1989년): 유조선이 알래스카만에서 좌초되어 약 41,256kl의 원유가 유출되었으며, 이는 심각한 환경 오염을 초래한 대표적 사례로 기록.
- Scandinavian Star(1990년): 노르웨이 북해상에서 RO-RO 카페리선에서 화재가 발생하여 159명의 사망자가 발생. 화재 대응 체계 미흡과 비상훈련 부족이 문제점으로 지적.

2) ISM Code 도입의 배경

ISM 코드의 도입 배경은 선박의 안전 관리 관행에서 드러난 중대한 문제들을 지적한 여러 해양 사고들에서 비롯되었다. 이러한 사고들은 선박, 승무원, 승객, 그리고 해양 환경의 안전을 보장하기 위해 체계적이고 표준화된 접근 방식이 필요하다는 점을 부각시켰다.

☐ Herald of Free Enterprise(RO-RO 카페리선, 13,600톤)
- 1987.3.6. 도버해엽에서 전복, 193명 사망

☐ EXXON Valdez(유조선, DWT 200,000톤)
- 1989.3.24. 알라스카 만에서 좌초, 원유 41,256kl 유출

☐ Scandinavian Star(RO-RO 카페리선, 10,513톤)
- 1990.4.7. 노르웨이 북해상에서 화재, 159명 사망

〈그림 6-1〉 ISM Code 관련 주요 사고 사례

이러한 해양 사고들은 기술적인 문제뿐만 아니라 인간의 실수와 시스템 관리의 결함이 안전 실패의 근본 원인으로 작용하고 있음을 드러냈다. 기존의 SOLAS와 같은 규정만으로는 운영 및 조직적 문제를 해결하기에 부족함이 분명했다.

이에 따라 IMO는 안전 문화와 환경 보호를 증진하기 위한 프레임워크로 ISM 코드를 개발하였다. ISM 코드는 선박 운영의 모든 측면에서 절차, 점검, 책임을 통합하는 안전관리체계(Safety Management System, SMS)의 도입을 요구한다. 이 시스템은 위험 평가, 비상 대비, 선박과 육상의 명확한 의사소통 체계 확립 등을 포함한다. 또한 STCW(해기인력의 훈련, 자격 및 당직기준에 관한 국제협약)와 연계하여 선원들의 역량 강화와 지속적인 훈련을 강조한다.

ISM 코드는 해상 안전 관리에서 기술적 기준 준수를 넘어, 총체적이고 적극적인 안전 관리로의 패러다임 전환을 이루어냈다. 이를 통해 위험을 최소화하고 해양 환경을 보호하며, 승무원과 승객의 안전을 보장하는 글로벌 노력의 중요한 전환점을 마련했다.

6.2 ISM Code 개요 및 적용대상

ISM 코드는 1998년 7월부터 시행되었으며, 선박 안전과 해양오염 방지를 위한 글로벌 기준을 설정하고 있다. ISM 코드는 선박의 안전 운항과 해양오염 방지를 목적으로 국제해사기구에서 제정한 관리 체계로써, 이는 선박 운영과 관리에 있어 체계적이고 통합적인 접근을 요구하며, 사고를 예방하고 환경 보호를 강화하는 데 초점을 맞추고 있다.

ISM 코드는 국제 항해에 종사하는 여객선, 유조선, 화학물질 운반선, 가스 운반선, 산적화물선 등 총톤수 500톤 이상의 선박 및 이동식 해양구조물에 적용된다. 다만, 비상업적 용도의 정부 운영 선박은 제외된다.

우리나라에서는 ISM Code를 수용하기 위해 관련 법령을 제정하고 개정하였다.

1997년 6월 3일, 국제항행선박에 ISM Code를 적용하기 위해 '선박안전경영규정'이 제정되었고, 1999년 2월 8일에는 해상교통안전법 개정을 통해 내항선까지 ISM Code의 적용 범위를 확대하였다. 외항선은 여객운송선박, 500톤 이상의 화물운송선박, 국제항해에 종사하는 이동식 해양구조물 등이 포함되며, 내항선은 500톤 이상의 화물선, 100톤 이상의 위험물 운반선, 총톤수 2천톤 이상 또는 길이 100미터 이상의 부선이 적용 대상이다.

2009년 허베이스피리트호 사고 이후, 법 개정을 통해 적용 범위가 더욱 확대되었다. 평수구역 밖을 운항하는 부선이나 구조물, 총톤수 3천톤 이상의 부선, 길이 100미터 이상의 구조물이 적용 대상에 추가되었으며, 2012년에는 100톤 이상 500톤 미만의 유류·가스류 운송선박도 포함되었다.

이처럼 ISM Code는 국내법 수용을 통해 우리나라 선박 안전 관리 체계의 중심이 되었으며, 국제 기준에 부합하는 안전 문화를 정착시키는 데 기여하고 있다.

〈표 6-1〉 ISM Code 적용대상 선박 현황

구분	적용대상선박	시행일
국제협약	• 국제항해에 종사하는 여객선, 총톤수 500톤 이상의 유조선, 케미칼탱커, 가스캐리어, 산적화물선 및 고속화물선	1998.7.1. ~
	• 국제항해에 종사하는 총톤수 500톤 이상의 기타 화물선 및 이동식 해상구조물	2002.7.1.~
	Not apply to government-operated ships used for non-commercial purposes.	
국내법	• 외항여객선 및 GT500톤이상위험물운반선	1998.7.1. ~
	• GT 500톤 이상 외항일반화물선	2001.7.1. ~
	• GT 500톤 이상 내항 위험물운반선	2002.7.1. ~
	• GT 500톤 이상 내항 일반화물선	2003.7.1. ~
	• GT 200톤이상 500톤미만 위험물운반선	2004.7.1. ~
	• GT 3천톤이상이거나 길이 100미터 이상인 부선 등을 끌거나 밀고 평수구역 밖을 운항하는 선박	2009.11.28. ~
	• GT 100 이상 200톤 미만의 위험물운반선 등	2012.7.1. ~

6.3 ISM Code 주요 내용

ISM Code는 선박의 안전관리 시스템을 도입하고, 선원 및 선박소유자, 안전관리(책임)자의 책임과 의무를 명확히 하여 안전성과 환경보호를 강화하기 위한 체계적인 접근 방식을 제공한다.

ISM Code는 A편과 B편으로 구성되며, A편은 안전관리 시스템의 구축과 유지, 선박소유자 및 안전관리(책임)자의 책임과 권한 명확화, 비상사태 대비 및 선박 운영 계획 수립 등의 내용을 포함한다. B편은 A편의 시행을 지원하기 위한 절차와 기준을 명시하며, 안전관리 적합증서 발급, 정기 검증 절차, 임시증서 발급 기준 및 증서 양식 규정 등을 다룬다.

〈그림 6-2〉 ISM Code 주요 내용

〈표 6-2〉

조항		요소항목	내용
A편 시행	1	일반사항	안전관리의 목표를 정하고, 안전관리 시스템을 구축하고, 실행하고, 유지할 것
	2	안전 및 환경보호 방침	사업장의 안전관리목표를 달성하기 위한 방침을 명확히 설정할 것
	3	선박소유자의 책임과 권한	선박안전과 환경보호에 관련된 업무를 수행하는 자들의 책임과 권한을 분명히 할 것
	4	안전관리책임자	선박의 안전활동을 보장하고, 선박과 최고경영자간의 교량역할을 위해 책임자를 지정할 것
	5	선장의 책임과 권한	선상안전활동에 관한 선장의 책임자 권한 및 재량권을 분명히 하여 문서화 할 것
	6	인력 배치 및 운영	선장을 포함한 자격있는선원을 배승하고, 교육·훈련하고, 선상안전활동을 위해 필요한 인적, 물적, 기술적 자원을 제공할 것

조항		요소항목	내용
A편 시행	7	선상운용계획의 수립	안전운항과 오염방지와 관련된 주요 선박운용계획 및 지침을 수립하고 유지할 것
	8	비상대책	잠재적 비상상황을 식별해 내고, 비상대응계획을 세워 교육·훈련할 것
	9	사고, 부적합사항및 위험상황의 보고	안전관리시스템 이행과정 등에서 발생된 사고, 부적합사항 및 위험상황 등을 사업장에 보고할 것
	10	선박 및 설비의 정비	강제법규 및 규정에 의해 선박 및 설비의 주기적 검사, 부적합 사항의 원인 파악 및 보고, 시정조치를 할것
	11	문서화	육해상의안전관리에 관한 제반 사항을 문서화하고, 주요 업무의 수행절차를 마련할 것
	12	선박소유자의 확인·검토 및 평가	구축된 시스템에 따라 업무수행이 이루어지는지를 내부심사를 실시하고, 시스템의 유효성을 검토 및 평가할 것
B편 증서발급및검증	13	증서 발급 및 정기적 검증	주관청은사업장과 선박을 심사하고 안전관리 적합증서와 선박안전관리증서를 발급하고, 정기적으로 심사할 것
	14	임시증서 발급	사업장의 신설이나 선종이 변경될 경우 또는 특정선박에 대하여 임시증서를 발급할 것
	15	검증	검증은 IMO에서 개발한 지침에 의해 주관청이 인정하는 절차에 따라 수행할 것
	16	증서의 양식	증서는 부록에 제시된 양식에 따라 작성될 것

6.4 ISM Code 관련 국내법 개요

ISM Code는 선박의 안전 운항 및 해양 환경 보호를 위한 국제 기준으로, 국내법인 해상교통안전법에 반영되어 시행되고 있다. 국내법에서는 안전관리체제의 수립 및 시행을 의무화하고, 이를 통해 선박 안전관리의 전문성을 강화하고 있다.

주요 법적 근거는 다음과 같다.

- 선장의 권한: 선장은 선박의 안전을 위해 필요한 조치를 요구할 권한이 있으며, 이 요구는 선박 소유자와 안전관리책임자에게 통보되어야 한다.
- 안전관리책임자의 역할: 선박 소유자는 안전관리체제를 수립하여 실행해야 하며, 안전관리책임자는 선박의 안전 운항 및 시설 유지보수를 점검하는 등의 의무를 수행한다.
- 안전관리사의 자격 및 역할: 안전관리사의 자격 요건은 구체적으로 명시되며, 이들은 안전관리체제의 감독 및 점검을 담당한다.
- 법적 강화: 안전관리체제 이행 주체인 선장, 소유자, 안전관리책임자 및 관리사의 법적 책임을 명확히 규정하여 체제의 실효성을 높이고 있다.

특히, 해상교통안전법에 따른 선박안전관리사 제도는 선박의 대형화, 친환경화, 첨단화에 따른 해사 분야 안전관리 전문성 강화를 위해 신설되었으며, 선박 소유자는 2024년 1월 5일부터 자격을 갖춘 안전관리사를 지정해야 한다. 안전관리사는 안전관리체제의 수립·시행, 점검·지도, 해양사고 예방 등을 담당하며, 〈표 6-3〉과 같이 국제항해 선박과 내항선에 따라 자격 기준이 다르다.

참고로, 기존 법에서는 선박의 안전관리체제 수립 · 시행을 규정하고 있으나, 안전관리체제 이행주체인 선장, 선박소유자, 안전관리책임자, 대행업자의 업무와 책임이 법률상으로 명확하게 규정되어 있지 않고, 안전관리체제의 시행을 위해 선임하는 안전관리책임자와 안전관리자의 전문성이 충분하지 못하다는 지적이 제기되어 왔다.

이에 안전관리체제 관련 이행주체의 의무 등을 법률에 명확하게 규정하고, 안전관리책임자 등의 업무수행의 전문성 확보를 위해 안전관리체제의 실효성을 도모하기 위하여 국가자격으로 선박안전관리사제도를 도입하게 되었다.

〈표 6-3〉 안전관리책임자 및 안전관리자의 자격과 선임기준(해상교통안전법 시행규칙 별표 12)

구분		국제항해에 종사하는 선박(이하 "외항선"이라 한다)의 사업장	국제항해에 종사하지 않는 선박(이하 "내항선"이라 한다)의 사업장
자격기준	안전관리책임자	다음 각 호의 어느 하나에 해당하는 사람 1. 선박안전관리사 1급의 자격을 가진 사람 2. 선박안전관리사 2급의 자격 취득 후에 12년 이상 안전관리자로 근무한 사람	다음 각 호의 어느 하나에 해당하는 사람 1. 선박안전관리사 2급 이상의 자격을 가진 사람 2. 선박안전관리사 3급의 자격 취득 후에 6년 이상 안전관리자로 근무한 사람
	안전관리자	다음 각 호의 어느 하나에 해당하는 사람 1. 선박안전관리사 2급 이상의 자격을 가진 사람 2. 선박안전관리사 3급의 자격 취득 후에 6년 이상 선박안전 관련 업무를 수행한 사람	선박안전관리사 3급 이상의 자격을 가진 사람
인원	안전관리책임자	1명 이상	1명 이상
	안전관리자	1. 4척 이하: 2척당 1명 이상 2. 5척 이상: 3척당 1명 이상	1. 8척 이하: 4척당 1명 이상 2. 9척 이상 15척 이하: 5척당 1명 이상 3. 16척 이상: 6척당 1명 이상

비고

1. 안전관리책임자는 안전관리자를 겸임할 수 있다.
2. 하나의 사업장에 외항선과 내항선이 동시에 있는 경우의 안전관리책임자와 안전관리자의 자격 및 선임기준은 다음 각 목의 구분에 따른다.
   가. 안전관리책임자: 외항선의 기준을 적용한다.
   나. 안전관리자: 내항선 및 외항선의 자격기준 및 인원을 각각 적용한다.
3. 사업장 소속 선박이 1척(내항선은 2척 이하)인 경우에는 선박소유자가 위 표에 따른 자격기준을 충족하지 않아도 안전관리책임자의 업무를 수행할 수 있다.

6.5 인증심사

선박소유자는 해상교통안전법 제46조제2항에 따라 안전관리체제를 수립·시행하여야하는 선박이나 사업장에 대하여 다음 각 호의 구분에 따라 해양수산부장관으로부터 안전관리체제에 대한 인증심사(이하 "인증심사"라한다)를 받아야 한다.

① 최초인증심사: 안전관리체제의 수립·시행에관한 사항을 확인하기 위하여 처음으로 하는 심사

② 갱신인증심사: 제51조에 따른 선박안전관리증서 또는 안전관리적합증서의 유효기간이 만료되기 전에 해양수산부령으로 \정하는 시기에 행하는 심사

③ 중간인증심사: 최초인증심사와 갱신인증심사 사이 또는 갱신인증심사와 갱신인증심사 사이에 해양수산부령으로 정하는 시기에 행하는 심사(사업장: 안전관리적합증서의 유효기간 시작일부터 매 1년이 되는 날의 전후 각각 3개월 이내, 선박: 선박안전관리증서의 유효기간 시작일부터 2년 6개월이 되는 날의 전후 각각 6개월 이내)

④ 임시인증심사: 최초인증심사를 받기 전에 임시로 선박을 운항하기 위하여 다음 각 목의 어느 하나에 대하여 하는 심사

가. 새로운 종류의 선박을 추가하거나 신설한 사업장

나. 개조 등으로 선종(船種)이 변경되거나 신규로 도입한 선박

⑤ 수시인증심사: 제1호부터 제4호까지의 인증심사 외에 선박의 해양사고 및 외국항에서의 항행정지 예방 등을 위하여 해양수산부령으로 정하는 경우에 선박 또는 사업장에 대하여 하는 심사

아울러, 선박소유자는 인증심사에 합격하지 아니한 선박을 항행에 사용하여서는 아니 된다. 다만, 선박의 검사를 받기 위하여 해당 항만 또는 인근 해역에서 시운전을 하는 경우(수면비행선박은 제외), 국제항해에 종사하지 않는 선박의 수리를 위하여 국제항해를 왕복하는 경우(이 경우 왕복 횟수는 1회로 한정), 외국에서 선박을 구입하여 국내(국내항으로 입항 전 수리·검사 등을 위하여 외국항으로 항해하는 경우를 포함한다)로 국제항해를 하는 경우 및 천재지변 등으로 인하여 인증심사를 받을 수 없다고 인정되는 경우에는 예외 규정을 두고 있다.

임시인증심사	사업장 신설 , 선종 추가, 국적변경 증서 유효기한 : 사업장(12개월), 선박(6개월)
최초인증심사	안전관리체제 수립 • 시행에 관한 사항을 확인하기 위하여 시행(증서 유효기한 : 5년)
갱신인증심사	선박안전관리증서 , 안전관리적합증서의 유효기간이 끝나는 때에 시행 (증서 유효기한 : 5년)
중간인증심사	최초인증심사와 갱신인증심사 ,갱신인증심사간의 사이에 시행 (사업장 1년, 선박 2.5년)
수시인증심사	선박의 해양사고, PSC 출항정지 등이 발생한 경우 시행

〈그림 6-2〉 해상교통안전법에 따른 인증심사 종류 및 내용

안전관리체제에 대한 인증심사는 선박 및 사업장에서의 안전을 확보하고 효율적인 운영을 보장하기 위해 다음과 같은 단계로 진행된다.

먼저, 인증심사 신청서 접수 및 관련 계획과 서류 검토를 진행한다. 이후 심사반을 구성하고, 심사반의 대표를 지정하여 전체 심사 과정을 총괄하고 관리하도록 한다. 다음으로, 심사계획서를 작성 및 통보하며, 사전에 심사 일정을 조율한다. 이후 심사를 실시하며, 심사 시작회의를 통해 최고경영자 및 안전관리책임자와 면담을 진행하여 문제점을 식별하고 개선방안을 논의한다.

심사 종료 후에는 사후 관리 단계로 넘어간다. 이 단계에서는 심사보고서를 확인 및 결과 요약 후 인증서를 발급하며, 심사보고서를 등록기관에 송부한다. 만약 부적합 사항이 발견될 경우, 시정조치를 통해 문제를 해결한 뒤 최종적으로 심사 결과를 검토하여 모든 과정을 마무리한다.

6.6 주요 부적합사항

인증심사에서 주무심사관은 부적합사항에 대한 확인서를 작성하여 피심사책임자에게 확인하게 한 후 사업장에 통보해야 한다. 주무심사관이 부적합사항을 결정할 때에는 부적합사항과 별표(인증심사 사무처리 규정, 표 6-4 참조)에 따른 중부적합사항 예시를 고려해야 한다.

여기서 "주무심사관(정부대행기관의 경우는 "주무심사원"이라 한다)"은 2명 이상의 심사관으로 심사반을 구성하는 경우에 심사반의 대표 및 전체 인증심사의 총괄, 인증심사계획의 수립 및 심사준비, 시작회의, 종료회의, 경영층 면담 및 안전관리책임자 면담 주관, 심사계획의 이행여부 확인 및 심사수행에 따른 문제점 해결, 부적합사항의 결정, 인증심사보고서의 작성 및 제출에 대한 최종 확인, 인증서 발급 또는 유지의 판단 등을 수행한다.

참고로, "부적합사항"은 안전관리체제의 내용이 적절히 수립되거나 이행되지 않은 상태를 의미하며, 이에 대한 구체적인 사항은 아래와 같다. "객관적 증거"란 관찰, 측정 또는 시험을 통해 검증할 수 있는 정보를 의미하며, 이는 안전관리체제와 관련된 정보, 기록 또는 진술을 포함한다. 추가로, "시정조치"는 안전관리체제 심사 과정에서 확인된 부적합 사항의 원인을 제거하고, 해당 문제가 재발하지 않도록 하기 위해 필요한 조치를 의미한다.

가. "중부적합 사항(重不適合事項)"이란 다음 중 어느 하나에 해당하는 사항을 말한다.
  1) 안전관리체제 심사 중 확인된 인명·선박의 안전 또는 해양환경에 중대한 위험을 일으킬 수 있는 것으로서 즉각적인 시정조치가 요구되는 사항
  2) 규칙 별표 11에서 정한 안전관리체제의 요건을 효과적이고 조직적으로 수행하지 못하는 사항

나. "경부적합사항(輕不適合事項)"이란 부적합사항 중 가목에서 규정하고 있는 중부적합사항 이외의 부적합사항을 말한다.

〈표 6-4〉 중부적합사항 예시(인증심사 사무처리 규정 별표)

구분	중부적합사항
1. 해상에서의 안전 및 환경보호에 관한 기본 방침	가) 선박의 안전운항, 안전한 작업환경 제공 등 안전관리 목표와 그 목표를 달성하기 위한 방침의 미설정 나) 가.에서 설정한 안전관리 방침의 미시행 · 미유지 및 안전관리 방침의 시행 · 유지 여부 미확인 다) 선박 · 인원 및 환경에 대하여 식별된 모든 위험에 대한 평가 미실시 및 관련 절차 미수립 라) 안전관리대행업체의 경우 선박소유자, 선박, 선원 등의 관리주체 간 협조가 되지 않는 객관적인 증거의 확인된 경우
2. 선박소유자의 책임 및 권한에 관한 사항	가) 육상 · 해상 종사원의 책임과 권한, 상호관계의 미규정 나) 안전관리(책임)자의 임무수행에 필요한 자원 및 육상지원의 미제공 또는 불충분한 제공 다) 규칙 별표 12에 따른 안전관리(책임)자의 인원수 미충족 라) 안전관리체제에 대한 선박소유자의 이행의지, 이해도가 부족한 객관적인 증거가 확인된 경우
3. 안전관리책임자의 선임 및 임무에 관한 사항	가) 규칙 별표 12에 따른 안전관리(책임)자의 자격기준 미충족 나) 안전관리(책임)자가 선박의 안전운항 및 오염방지활동을 감시하지 않은 경우 다) 선박의 안전운항 및 오염방지에 필요한 자원과 육상지원이 적절하게 제공되는지를 확인하지 않은 경우 라) 안전관리체제의 수립 · 시행과 관련하여 그 책임과 임무에 대하여 자세히 알지 못한 경우
4. 선장의 책임 및 권한에 관한 사항	가) 선장의 최우선적인 결정권한과 책임 미규정 나) 선장이 가.의 최우선적인 결정권한에 대해 모르거나 실제적으로 행사하지 않은 경우 다) 선장의 최우선적인 결정권한이 회사로부터 침해된 객관적인 증거가 확인된 경우 라) 기상상황을 고려하지 않은 항로설정 및 선박운항 마) 과적 · 과승 바) 선박안전경영시스템(SMS)에 대한 선장 검토 미시행

구분	중부적합사항
5. 인력의 배치 및 운영에 관한 사항	가) 선장이 해상종사원을 지휘할 수 있는 적절한 자격을 보유하지 않은 경우 나) 해상종사원이 국내외 관련 법규에 따른 해당자격증을 소지하지 않은 경우 다) 안전관리체제 지원에 필요한 교육 · 훈련절차의 미수립 또는 관련 종사원이 훈련을 이행하지 않은 경우 라) 담당자가 연료유 등 선박에서 사용하는 유류의 취급절차를 모르거나 취급절차를 이행하지 않은 경우 마) 담당자가 비상통신기기(GMDSS 장비)의 운용을 못하는 경우 바) 담당자가 레이더 작동 방법을 모르거나, 작동 방법을 알고 있다 하더라도 본선의 충돌 가능성 여부를 판단하지 못하는 경우 사) 특수작업(밀폐 장소/높은 장소/ 화기작업 등)에 종사하는 자가 안전절차를 모르거나 안전절차를 이행하지 않은 경우 아) 신규 및 새로운 직무를 맡은 전입직원에 대한 출항 전 필수지침의 미제공 자) 해상종사원이 SMS와 관련된 업무 수행 시 효과적으로 의사소통을 못하며, 통용어로 정한 언어를 이행하지 못하는 경우 차) 선박의 안전운항을 위하여 필수적으로 승선해야할 해상종사원이 협약 또는 국내법령에서 정한 수준에 따라 배승되지 않은 경우 카) 해당 직무에 대한 선원의 지식이 현저히 부족한 경우
6. 선상운용계획에 관한 사항	가) 상급사관이 안전관리책임자(DP)를 인지하지 못하거나, 연락수단을 알고 있지 못하고, 실제로 연락이 되지 않는 경우 나) 비상대응을 포함한 인명안전 및 해양환경오염과 직결되는 SMS에 관련된 문건이 통용언어 또는 선원이 이해하지 못하는 언어로 된 경우 다) 담당자가 특별보호관리대상 승객에 대한 관리절차를 모르거나 그 절차를 이행하지 않은 경우(여객선에 한정함) 라) 자체운항통제기준을 설정하지 않거나 설정한 기준을 준수하지 않은 경우 마) 자체 운항통제기준에 적합하다 하더라도 해상 · 기상 상황을 고려하여 선박의 항행 지속 가능 여부를 종합적으로 판단하지 않고 항행을 계속하여 인명이나 선박의 안전에 중대한 위험을 일으킨 경우
7. 비상대책의 수립에 관한 사항	가) 비상대응을 위한 연습 및 훈련절차의 미수립 또는 관련 종사원의 해당 훈련 미이행 나) 관련 종사원이 소화 · 퇴선 등의 비상대응 훈련에 익숙하지 않거나 비상대응훈련을 실시하지 않은 경우 다) 비상예인절차 미수립 또는 관련 종사원이 그 절차를 이해하지 못하는 경우(외항선에 한정함) 라) 유조선 또는 화학제품운반선 등의 선원이 유증기 제거작업 및 화물창 청소 절차를 이해하지 못하거나 관련 절차에 따라 해당 작업을 이행하지 않을 경우

구분	중부적합사항
8. 사고, 위험상황 및 안전관리체제의 결함에 관한 보고와 분석에 관한 사항	가) 선장이나 선사가 해양사고 발생사실을 지방청이나 해양안전경비서에 통보하지 않은 경우 나) 이전 PSC(항만국통제) 검사로부터 같은 결함사항이 반복 지적된 경우 다) 발생된 해양사고 및 부적합사항에 대한 재발방지 절차를 수립하지 않은 경우 라) 정당한 사유없이 해양안전심판원의 안전관리체제 이행 개선을 위한 재결처분(권고, 명령)을 따르지 않은 경우
9. 선박의 정비에 관한 사항	가) 중대설비 · 시스템 및 예비설비에 대한 점검이 SMS의 일상정비 업무에 포함되어 있지 않거나 점검이 제대로 시행되지 않는 경우 나) 정비절차가 강제규칙 및 규정의 요건을 만족하지 못하거나, 정비절차대로 시행하지 못하여 관련사고 · 사건 등이 발생한 경우나 정비가 부족해 같은 종류의 사건 · 사고가 재발한 경우
10. 문서 및 자료관리에 관한 사항	안전경영 문서 · 협약 증서 등 법정 증서가 없거나 유효하지 않은 경우
11. 안전관리체제에 대한 선박소유자의 확인 · 검토 및 평가	가) 경영검토가 시행되지 않은 경우 나) 내부심사가 시행되지 않은 경우(규칙 별표 11 제2호를 적용받는 선박에 대하여는 매월 방선이 이루어지지 않은 경우. 단, 주무심사관이 불가피하다고 인정한 경우 2개월내에 1회를 실시해야 한다) 다) 안전관리체제와 관련하여 사업장의 업무를 위임받은 자들에 대한 사업장의 주기적 검증이 이루어지지 않은 경우

비고

이 표에 따라 중부적합사항을 식별하려는 때에는 규칙 [별표 11] 제1호부터 제3호의 선박에 적용되는 내용을 고려해야 한다.

참고문헌

[1] 김인철 · 정대율 · 조익순, 해사안전관리론, GS인터비전, 2022,

[2] 이석말, 2021. 해사안전감독관 관련 법제 개선에 관한 연구.

[3] Tokou MoU, http://www.tokyo-mou.org/.

[4] Tokou MoU, 2023. 30th Anniversary of Tokyo MoU.

[5] Tokou MoU, 2021. Press Release, Tokyo MoU Launched Guidance On Remote Psc Inspection.

[6] Lloyd's List Intelligence, 2023. https://www.lloydslistintelligence.com/

[7] Paris MoU, 2023. Paris MoU Annual report 2022

[8] Paris MoU, http://parismou.org/.

[9] Paris MoU, 2020. Port State Control Committee Instruction, Refusal Of Access (Banning) Procedure And Notification checklist

[10] 해양수산부, 2017. 항만국통재 30년사.

[11] Paris MoU, 2023. Paris Memorandum Of Understanding On Port State Control.

[12] Tokou MoU, 2022. Memorandum Of Understanding On Port State Controlin The Asia-Pacific Region.

[13] IMO, Resolution A.1185(33), 2023. Procedures For Port State Control, 2023,

[14] 부산지방해양수산청, 2003. PSC 현장실무 handbook.

[15] 부산광역시교육청, 2018. 해사법규(고등학교)

[16] 부산광역시교육청, 2018. 항해기초(고등학교).

[17] 한국선급, Technical information. 2004. 선박용 고정식소화장치(Onboard Fixed Fire Extinguishing System).

[18] UK P&I Club, 2016. UK P&I Club Publication - Risk Focus _ Engine Room.

[19] 하원재, 지재훈, 2021. 해기사를 위한 선박검사론

[20] 한국선급, 2024. 선급 및 강선규칙

[21] SOLAS 1974 as amended, Consolidated Edition, KR-CON

[22] MARPOL 73/78 as amended, Consolidated Edition, KR-CON

[23] ICLL 1966 as amended, Consolidated Edition, KR-CON

[24] 채종주, 2009. 메이저 석유회사에 의한 선박검사의 실태분석과 개선방안의 제시, 한국항해항만학회지.

찾아보기

이 교재는 항만국통제 및 선박검사의 이론과 실무에 대한 이해를 제고하기 위해 교육용으로 만든 자료이기에 법적·행정적 효력이 없으니 참고하시기 바랍니다.

항만국통제와 선박검사론

2025년 2월 27일 인쇄 발행

저　　자　양원재 · 지재훈 · 여실중
발 행 인　송기수
발 행 처　도서출판 위즈덤플
편 집 처　도서출판 위즈덤플
인 쇄 처　트윈벨미디어
등록번호　제 2015-000009 호
I S B N　979-11-89342-71-5(93530)

주　　소　서울 은평구 증산로15길 69 2층
전　　화　02-976-7898
홈페이지　gsintervision.kr
E-Mail　gsinter7@gmail.com

가　　격　20,000 원

이 책의 무단전재, 복제, 복사는 저작권법 제 97조에 의거 5년 이하의 징역 또는 5천만원 이하의 벌금에 처하게 됩니다.

저자약력

양원재(Chapter 1~2)

1990년 한국해양대학교 항해학과 졸업
1994년 범양상선(주) 2, 3등 항해사
2002년 한국해양대학교 대학원 수료 공학박사
2011년 University of Missouri 객원교수
현) 국립목포해양대학교 해사대학 항해학부 교수

지재훈(Chapter 3)

2004년 한국해양대학교 기관시스템공학부 졸업
2007년 현대상선(주) 2등 기관사
2017년 (사)한국선급 책임검사원
2023년 한국해양대학교 기관시스템공학과 공학박사
현) 국립목포해양대학교 해사대학 해양경찰학부 교수

여실중(Chapter 4~6)

2004년 한국해양대학교 기관시스템공학부 졸업
2008년 현대상선(주) 1등 기관사
2010년 해양수산부 선박검사관, 해양사고조사관
2023년 한국해양대학교 기관공학과 공학박사
현) 국립목포해양대학교 해사대학 해양경찰학부 교수